普通高等教育"十四五"规划教材

云环境下乙烯裂解炉炉管智能健康监测平台关键技术及应用

彭志平　编著

中国石化出版社
·北京·

内 容 提 要

本书整合了人工智能技术、仪器装置研发、软件系统开发和云计算的应用于一体，填补了石化行业中裂解炉炉管外表面非接触式智能测温成套装置和炉管智能结焦诊断技术与产品的空白，对乙烯生产企业节能增产提效和促进乙烯工业科技进步具有重要的作用，也是人工智能在石化工业的一个成功示范应用。

本书可作为电子信息类、计算机类、仪器仪表类和化学化工类专业学生的参考书，同时对从事乙烯裂解炉智能健康管理理论及应用技术研究、开发和应用的科技人员也具有一定的参考价值。

图书在版编目(CIP)数据

云环境下乙烯裂解炉炉管智能健康监测平台关键技术及应用 / 彭志平编著. — 北京 : 中国石化出版社, 2024. 8. — (普通高等教育“十四五”规划教材).
ISBN 978-7-5114-7613-5

Ⅰ. TE963

中国国家版本馆 CIP 数据核字第 2024EN3020 号

中国石化出版社出版发行

地址：北京市东城区安定门外大街 58 号
邮编：100011　电话：(010)57512500
发行部电话：(010)57512575
http://www. sinopec-press. com
E-mail：press@ sinopec. com
北京富泰印刷有限责任公司印刷
全国各地新华书店经销

*

710 毫米×1000 毫米 16 开本 10.75 印张 183 千字
2024 年 8 月第 1 版　2024 年 8 月第 1 次印刷
定价：38.00 元

PREFACE 前言

石化工业是我国的支柱产业，也是我国推进智能制造的重点领域。乙烯被称为石化工业之母，我国已成为全球最大的乙烯生产国。乙烯裂解炉是乙烯生产最为重要的装置，裂解炉炉管则是其关键部件，是生产乙烯等产品的反应器。在乙烯生产过程中，裂解炉炉管不可避免地会产生结焦，从而引起炉管渗碳、开裂、堵漏、漏管、减薄等形式的失效，因此加强对乙烯裂解炉炉管进行以外表面温度和结焦为主的健康监测，对于保障乙烯裂解炉安全运行和乙烯生产企业提质增效具有十分重大的意义。

在国家自然科学基金项目(62273109、61772145、61272382)、广东省战略性新兴产业核心技术攻关重大专项、特大型石化国有企业科技攻关专项资助下，依托广东省石化装备智能安全重点实验室、广东石化装备安全技术协同创新发展中心、广东省云机器人(石油化工)工程技术研究中心等创新平台，自2011年起，以人工智能技术和方法提升乙烯裂解炉炉管健康管理水平为目标，围绕乙烯裂解炉复杂运行环境下的炉管外表面温度感知和炉管结焦诊断与预测的关键共性技术问题，研发了云计算环境下乙烯裂解炉炉管智能健康监测平台，并在特大型石油化工公司成功应用。

本书整合了人工智能技术、仪器装置研发、软件系统开发和云计算的应用于一体，填补了石化行业中裂解炉炉管外表面非接触式智能测温成套装置和炉管智能结焦诊断技术与产品的空白，对乙烯生产企业节能增产提效和促进乙烯工业科技进步具有重要的作用，也是人工智能在石化工业的一个成功示范应用。全书共分为四章：第一章介绍了国内外技术背景；第二章介绍了所开发产品的技术特征、主要技术指标及创新点，并详细对比了国内外同类型典型产品的技术性能；第三章介绍了解决关键技术的具体措施和技术方案；第四章介绍了应用实例；附录1为开发的虚拟仿真实验平台的使用手册；附录2为本产品配套的软件使用说明书。

团队成员崔得龙、李启锐、何杰光、邱金波、梁柱森、罗鑫龙、赵俊峰、林建鹏等参加了本书部分章节的写作、文字输入和修改工作。本书的责任编辑为本书的高质量出版也付出了辛勤的劳动，在此一并致谢。

由于作者水平有限，本书难免存在不足之处，敬请读者批评指正。作者将充分吸取读者的意见和建议，结合自身的科研工作，不断修改完善本书内容，为推动石油化工等相关领域的智能化发展贡献绵薄之力。

CONTENTS 目录

第一章 国内外技术背景

1.1 前言

石化工业是国民经济发展的重要能源基础产业之一。中国石油化工行业占工业经济总量的20%，在国民经济发展中有重要作用，是我国支柱产业之一[1,2]。在石油化工行业中，乙烯工业显得尤为重要，因为乙烯是石化工业之母，产业链涵盖范围极广，乙烯工业生产水平通常代表着一个国家石化工业发展水平[3,4]。目前全球的乙烯产量以每年7%~8%高速增长，这主要是由东亚尤其中国巨大的需求导致，美国和欧洲市场对乙烯的需求也在增长。2022年我国乙烯产能达到46750kt/a，超过美国，成为全球最大的乙烯生产国[5]。同时，随着我国石油化工规模逐步扩大，为了提高化工产品参与国际竞争的能力，中国石化和中国石油近年来都在不断扩大石油化工的主导产品，即乙烯的生产规模。但是，随着国内乙烯产能的不断增加，中国乙烯的生产状况也不断变化。中国石化和中国石油每年都会从安全环保、原料的优化、节能降耗、专业化管理、技术攻关、技改技措、长周期运行和检修等方面进行总结和归纳以减少乙烯生产所需要的能耗。2021年，中国石化乙烯装置平均能耗为559.6kgoe/t，中国石油乙烯装置平均能耗为594kgoe/t，但国外乙烯装置平均能耗为500~550kgoe/t，而先进水平的生产装置达到了440kgoe/t，这也表明我国的乙烯生产技术仍然有非常大的能效改进空间。

近几年，伴随着中国乙烯产量的迅速增加，乙烯生产技术也在不断地进步和发展。尤其由于计算机和自动化技术的不断进步以及“工业4.0”和“中国制造

2025”的提出，大型工业的发展趋势必然是数字化、网络化和智能化。目前，在乙烯工业方面，越来越多的公司和科研机构致力于研发智能化监测、诊断、评估、预测等先进技术，使其可以应用于乙烯生产工业当中[6]。

乙烯裂解炉是乙烯工业中能耗最高、最重要的装置。乙烯裂解炉先将石脑油、加氢裂化尾油等原料加工成裂解气，再经过急冷、压缩、分离等装置，最终生成乙烯、丙烯等产品。乙烯裂解炉的技术水平不仅决定了乙烯产品的产量高低和品质优劣，还决定了整套乙烯生产装置的生产规模大小。因此，乙烯裂解炉是乙烯生产装置的核心设备，在乙烯生产中乃至整套石油化工生产中都起到龙头作用。图 1-1 所示为某石油化工公司乙烯裂解装置。

图 1-1　某石油化工公司乙烯裂解装置

当前有多种生产乙烯的工艺方法，主要为：甲醇制烯烃工艺、蒸汽裂解工艺、乙醇脱水工艺、甲烷氧化偶联工艺等。最为成熟的是蒸汽裂解工艺，目前由蒸汽裂解工艺生产的乙烯产量占世界总产量的95%左右。在蒸汽裂解制乙烯工艺流程中，裂解原料包括乙烷、丙烷、LPG、石脑油等碳氢化合物，裂解反应是指碳氢化合物经过脱氢、断链、歧化、缩合等反应后进一步生成其他产品的化学过程。由于烃类的特殊性，在高温下原料发生裂解反应时会形成焦炭颗粒或者焦体附着在炉管及设备表面，因此烃类原料裂解过程中不可避免地会产生结焦，同时随着裂解时间的延长，焦层厚度也进一步增加。这种高温条件下形成的焦炭是热的不良导体，会降低传热系数，增加能耗，增加管壁热阻，导致炉管内径变小、外壁温度升高甚至造成炉管堵塞，影响装置稳定运行。更不利的影响是炉管的渗碳现象，焦炭会渗入炉管合金中，造成材质恶化，降低了炉管的机械强度。结焦导致了裂解炉的频繁清焦，裂解炉的运行和装置的有效生产时间缩短，能耗增加，设备损坏程度加剧，炉管寿命降低。再加上炉管一般由镍铬合金材料组成，价格昂贵，因此炉管结焦导致乙烯装置的生产成本剧增[7]。此外，结焦严重时还会堵塞炉管甚至引发炉管爆炸，使乙烯生产装置被迫停车[8]。一旦炉管扑火、内部结焦等引起的局部严重超温不能及时被发现，将带来极大的安全隐患，情况严重时甚至会烧通炉管，进而使炉内失火，危及操作人员生命，给石油化工行业带来巨大的经济损失。图 1-2 所示为裂解炉炉管不同程度结焦及其引起的不同失效情形。因此延长裂解炉的运行周期对提高装置的经济效益、保障行业安全生产十分重要。准确地进行炉管结焦程度的诊断与预测，安全地延长炉管有效运行周期，是保障裂解炉运行安全、提高裂解炉生产效益的有效技术手段之一。

研究表明，在裂解炉炉管结焦的各种成因中，裂解温度是主要的直接因素，而裂解超温是裂解炉炉管发生结焦进而导致炉管机械失效的最主要原因[9]。因此，乙烯生产企业在生产过程中极为重视裂解炉炉管温度的监测，尤其是炉管外表面(外壁)温度的监测，进而对炉管结焦情况进行研判。

对于裂解炉炉管外表面温度的监测，目前有两种主要的测温方式：在炉管的不同部位安装热电偶测量或者安排室外操作人员定时通过裂解炉观火孔用测温枪瞄准炉管进行逐管定位和逐管测量[10]，其中使用测温枪测量炉管外表面温度现场如图 1-3 所示。但这两种方式都存在着很大的缺陷：热电偶测量法由于受炉内的高温环境影响，极易损坏或发生温度漂移[11]，给工艺操作、控制带来极大不便。而使用手持测温枪测量法，存在以下诸多弊端，对乙烯生产帮助不大：①由于裂解炉炉膛烟火大，温度高，热辐射大，造成测温周边环境温度高，再加上裂解炉运行过程不断有振动并产生噪声，测温环境恶劣，劳动强度大，尤其是目前裂解炉室外操作人员已大幅减少，降低其劳动强度对提高劳动质量和劳动积极性非常重要。②裂解炉通常配有数百根炉管，但由于人工测温方式效率低，人力和时间非常有限，室外操作人员通常只能随机选择少部分炉管进行测温，所测温度数据不齐、不全，因而不具有代表性。③红外光束的入射角度对红外测温精度有较大的影响，通常垂直照射精度最高，但由于手持方式随意性较强，无法保证定量垂直，因此人工测温方式精度低，再加上不同操作工测温操作习惯不同，造成同一根炉管不同人的测量结果往往有 20~30℃的偏差。④裂解炉在生产运行过程

(a)中度结焦　(b)严重结焦

(c)结焦引起炉管堵管　(d)结焦引起炉管裂管

图 1-2　裂解炉炉管不同程度结焦实物

中炉管常有晃动，而通过目测炉管位置，进而手工瞄准，在很大程度上也影响了炉管的测温精度。虽然目前也有少数乙烯生产企业采用红外热像仪和多光谱监测探头进行炉管外表面测温(使用多光谱监测探头测量炉管外壁温度现场如图 1-4 所示)，但是以上两种方法都存在成本高、维护难等问题，因而难以大规模普及[12]。因此，许多乙烯生产企业亟需一种性价比高、实时在线自动监测裂解炉炉管外表面温度，且具有炉管结焦准确诊断与预测功能的平台。

图 1-3　使用测温枪测量
炉管外壁温度现场

图 1-4　使用多光谱监测探头
测量炉管外壁温度现场

基于上述乙烯生产企业共性需求，在国家自然科学基金、广东省战略性新兴产业核心技术攻关重大专项和特大型石化国有企业科技攻关专项资助下，研发了乙烯裂解炉炉管智能健康监测平台。所研发的智能监测平台包括：裂解炉炉管外表面非接触式智能测温装置、裂解炉炉管智能结焦诊断软件系统。此外，还在多项国家自然科学基金项目资助下，对云计算环境开展虚拟化资源自主管理和作业优化调度机制展开研究，取得了一系列的成果，有效提升了云计算环境下虚拟化资源利用率和作业处理效率，为裂解炉炉管智能结焦诊断软件系统以及其他石化应用系统的高效运行提供了强有力的云计算支撑。具体表现在：

① 裂解炉炉管外表面非接触式智能测温装置改善了室外操作人员的工作环境，提高了裂解炉炉管外表面的测温精度。

在进行人工测温时，操作人员需长时间面对裂解炉的观火孔，受到高温辐射危害非常严重，工作环境恶劣。然而，使用研发的智能测温装置进行测温操作时，操作人员不再需要直接面对高温辐射，其工作环境得到极大改善，人身安全和健康得到切实保障。

实时在线使用研发的智能测温装置对裂解炉炉管外表面温度进行自动测量，可获得每根炉管同一截面大量的原始温度数据，通过测温仪的智能筛选和计算后便可获得逼近炉管实际外表面温度的测量数据，大大提高了裂解炉炉管外表面的测温精度和效率，相比手持式测温仪等测温方法，可有效避免由于操作人员技术水平和操作方法引起的测量偏差。

② 裂解炉炉管智能结焦诊断软件系统保障了裂解炉的安全稳定运行。

研发的裂解炉炉管智能结焦诊断软件系统可以通过实时在线收集现场测量数据自动绘制测温图表，便于技术人员对裂解炉炉管外表面温度进行全面准确的监控。该智能系统可对炉管设置超温报警，对超温炉管发出警示，便于裂解炉运行状态的监测。该智能系统还可根据历史数据，生成单组炉管表面温度变化趋势图，便于裂解炉炉管温度变化的提前分析与预警。因此，相对以往的人工测温和人工数据统计分析，该智能系统的使用大幅减少了操作人员的工作量，大大提高了数据分析的时效性，更有利于问题的及时发现和处置。此外，该智能系统的结焦诊断与预测技术可准确判断炉管的结焦状态并预测新一轮的清焦时间点，避免了以往按固定周期清焦而造成的结焦过度的弊端，保障了裂解炉的长期安全稳定运行，延长了炉管的使用寿命。

③ 乙烯裂解炉炉管智能健康监测平台提升了企业的经济效益。

研发的智能测温装置精确测量得到的裂解炉炉管外表面实时温度数据，可为操作人员优化裂解炉的热场分布提供可靠的依据，从而增加高附加值产品的收率和延长裂解炉的运行周期，最终大大提升产品的产值和减少炉管的烧焦次数并降低生产成本。此外，该智能测温装置的使用还可显著减少测温操作人员的投入，为企业节约大量的人工成本。再则，该智能结焦诊断软件系统对结焦状态和结焦趋势的精准判断，亦可有效避免以往按固定周期清焦而造成清焦提前的弊端，从而延长裂解炉的运行周期，降低裂解炉的烧焦频次，实现裂解炉烧焦成本的大幅降低和企业经济效益的显著提升。

④ 在确保满足服务等级协议前提下，虚拟化资源自主管理和作业优化调度机制提高了石化云计算环境下虚拟化资源利用率和作业处理效率。

研发的虚拟化资源自主管理、随机作业优化调度、混合作业优化调度、多工作流优化调度等机制，有效解决了云计算虚拟化资源管理和作业调度问题，在确保满足服务等级协议的前提下，大幅提高了虚拟化资源利用率和作业处理效率。

1.2 国内外技术背景

如何为乙烯裂解炉视情调控、适时清焦提供科学依据是炉管结焦诊断需要解决的问题核心和难点。对此，需要突破实时感知结焦状态、准确推断结焦部位和厚度、发现结焦主次诱因等关键技术，才能“对症下药”。下面分析相关方面的研究现状和发展动态。

1.2.1 乙烯裂解炉炉管结焦态势感知

目前，乙烯裂解炉炉管结焦状态主要通过定期检查、感知裂解过程工艺参数、专家经验等方式间接感知。乙烯生产企业一般通过定期监测炉管入口、出口温度和炉管压降等裂解过程工艺参数来确定结焦周期。例如，当炉管压降达到烧焦阈值时，则停炉清焦[13]。文献[14，15]提出了通过测量炉管出口温度来感知炉管结焦的方法。文献[16]设计了10个标准来实时诊断炉管状态，包括炉膛的主要工艺参数、燃气流量与管壁温度比值等。

乙烯裂解反应主要在辐射段的炉管内进行，炉管外壁温度是炉管结焦态势感知非常重要的参数。近年来，不少学者和企业通过监测炉管外壁温度来感知炉管结焦的态势。常规的炉管外壁温度监测技术主要有热电偶测量和人工测量两种方式。热电偶测量方式存在热电偶探头易损坏且易发生温度漂移等问题[17]，而人工测量方式则存在测温效率和精度低、测温不全面、现场操作人员劳动强度大等弊端。近年来，学者和生产企业开始探索基于红外测温技术的炉管外壁温度在线测量方法。文献[18]将防爆红外测温摄像头预埋在炉壁内，通过红外图像拍摄、回传、分析的方式实现炉管的多点温度在线测量，但该方法需要定期校验校准红外测温仪，以及存在维持摄像头常温工作的问题。项目组研制了一种炉管外壁非接触式红外测温机器人[19]，通过在观火孔外安装导轨，测温机器人在导轨上自动滑行测温，实现炉管外壁多点局部测温。

近年来也有少数企业采用红外热像仪[20]、多光谱监测探头[21]等技术进行炉管外壁测温，但这些方法都存在仪器昂贵、安装和维护成本高的问题。也有学者尝试引入新的测温方法，包括用光学高温计测量炉膛内部蒸汽裂化反应器盘管的金属管温度[22]、黑体腔温度传感器法[23,24]等。但是，由于技术不成熟和缺乏耐用性，上述新型检测方法在乙烯裂解炉温度感知方面的应用受到限制。

另外，已有部分研究人员对高温燃烧环境下的温度场建模进行了研究。其中，较多的是基于声学法的温度场建模方法[25,26]，该方法将温度场重建问题转化为声波传播路径的求解和温度场的反演问题，通过声波获取足够多的温度分布数据，然后利用径向基函数、正则化算法或最小二乘支持向量机算法等对温度场进行重建。也有学者先用光场成像技术获取火焰光场图像，然后用卷积神经网络对图像进行特征提取从而实现火焰温度场的快速重建[27]。上述方法依赖全方位的、大量的温度监测数据。然而，乙烯裂解炉炉管位于裂解炉炉膛内，炉管长达几十米，通过观火孔仅能监测有限部位的温度。因此，尚需结合乙烯裂解炉特征探索适合乙烯生产环境的炉管外壁温度场建模方法。

综上所述，人们普遍认为炉管外壁温度是感知炉管结焦状态的重要参数，感知炉管外壁温度的部位越多，越有利于感知炉管结焦态势。尽管目前有较多测温技术可以感知炉管外壁多点的温度，但由于裂解环境的复杂性(大型、高温、封闭、易燃、易爆、高腐蚀等)，仍存在难以实时感知全流程全炉管外壁温度的困难。

1.2.2 乙烯裂解炉炉管结焦诊断技术

国内外学者对乙烯裂解炉炉管结焦诊断技术进行了积极的研究，主要分为两类：

第一类是构建结焦模型。研究者针对不同的裂解原料，建立以裂解过程工艺参数为输入、结焦速率和厚度大小为输出的数学解析式作为结焦模型[28-33]。文献[28]对石脑油热裂解进行了结焦建模研究，研究者通过分析热裂解过程中石油馏分和产生气体的关系，提出了一种液-气两相的计算流体力学方法来预测裂解过程中轻质石油馏分、产生气体成分以及管内生成焦炭的厚度。文献[29]分析了丙烷和石脑油流体的层流和湍流，建立了一种基于二阶湍流模型的动态数学模型，来预测丙烷和石脑油液体在炉管内焦炭生成量。2020 年，研究者基于裂解反应过程建立了动态乙烯裂解炉炉管结焦模型[30]，用来预测各种操作条件下的结焦厚度。

此类方法通常需要结合试验或工业数据来确定结焦模型中的结焦动力学参数和可调参数，而且，模型中的一些重要参数，如活化能、频率因子等难以准确测量。因此，基于结焦模型的结焦推断准确性普遍不高。

第二类是数据驱动的智能诊断技术。数据驱动的诊断是故障诊断领域近 20 年来研究和发展的热点之一[34,35]。研究者通常选取与结焦有关的可感知变量作为输入，设计人工智能算法构建“黑箱”模型来获得结焦厚度与可测输入变量之间的关系。文献[36]采用遗传算法优化的反向传播神经网络模型对催化裂解装置中焦炭的生成率进行了预测。文献[37]采用支持向量机对工况进行识别，并建立乙烯裂解炉烧焦过程中炉管出口温度(Coil Outlet Temperature, COT)随机分布系统模型，目的是为乙烯裂解炉烧焦过程 COT 进行随机分布先进控制奠定基础。项目组提出了一种融合人工蜂群算法和自适应神经模糊推理系统的乙烯裂解炉结焦诊断及预测方法[38]。文献[39]提出了一种结合迁移学习和启发式算法的裂解过程优化模型，该模型首先通过迁移学习获取结焦厚度模型和产品收率预测模型的特征，然后通过启发式优化算法预测结焦厚度及产品收率。

综上可见，神经网络、迁移学习等人工智能技术已经开始应用于乙烯裂解炉炉管结焦诊断并取得了一定的成果。但是，目前关于结焦问题的智能诊断以定性分析为主，涉足定量推断很少，而且诊断方法上以数据驱动为主，鲁棒性和可解释性差。

1.2.3　乙烯裂解炉炉管结焦原因及影响分析方法

国内外学者已经对乙烯裂解炉炉管结焦原因和影响进行了分析，其中主要的方法包括机理分析、实验分析等。

结焦原因分析方面，主要关注如何找出影响炉管结焦的要素，分析要素对结焦程度的影响。机理分析方法主要从机理方面解释原料特性、炉管材质与结构、工艺操作条件等对炉管结焦的影响[40-42]。研究结果表明，原料中芳烃浓度对结焦有不同程度的影响，炉管材质中铁镍等元素的含量与催化结焦程度相关，裂解过程工艺条件中裂解温度、停留时间、烃分压等都是影响结焦的要素。例如，文献[41]试验表明，炉管温度对结焦具有直接影响，高温的炉管容易结焦，低温的炉管却裂解不完全，缩短裂解炉的运行周期。也有学者分析了金属催化结焦、自由基结焦和气相结焦的机理，指出优化裂解原料和裂解过程工艺条件是结焦的有效防护措施[42]。

结焦影响分析方面，主要分为对炉管失效的影响和对产品收率的影响。在结焦对炉管失效的影响方面，主要采用机理结合工业数据的方法分析。研究者在文献[43]中通过放射检测及机理分析的方法定性分析了结焦对炉管失效的影响，认为炉管结焦会破坏炉管的氧化膜从而引起渗碳，也会降低炉管的传热性能，使得炉管因高温而迅速破断。文献[44]用机理说明了结焦是炉管断裂的主要原因。也有学者采用蒙特卡罗试验等其他方法分析渗碳等对炉管失效的影响[45-50]。在结焦对产品收率的影响方面，直接分析结焦对产品收率影响的文献还比较少，现有文献一般是分别建立产品收率模型和结焦模型，分析在相同的裂解过程工艺参数下产品收率和结焦情况。第一类方法是基于机理建模的分析方法。这类方法一般同时建立裂解反应动力学模型和结焦模型，裂解反应动力学模型分析产品收率与原料和工艺参数的关系，结焦模型反映了结焦与原料和裂解工艺参数的关系。第二类方法是基于数据驱动的方法[51-54]。这类方法将可感知的裂解过程工艺参数作为神经网络等人工智能算法的输入变量，通过特征抽取和模型化得到结焦厚度模型，然后将结焦模型和裂解过程工艺参数一起输入产品收率神经网络模型，最终得到产品收率与裂解过程工艺参数、结焦厚度之间的关系[51]。也有研究者基于非同构小图表示模型提出一种构建乙烯产品输入-输出网络结构的方法来优化乙烯生产[53]。还有研究者用卷积神经网络刻画大型石脑油热裂解机理模型，该模型的产品收率预测错误率低于3%[54]。

上述研究表明，结焦溯源及影响分析需要深度结合裂解过程机理、工业运行数据、故障案例等，但目前仍以人工、半人工方式为主，且结焦诱因和影响分析一般不分主次、不分贡献度。

1.2.4 云计算环境下虚拟化资源自主管理和作业优化调度技术

在虚拟化资源管理方面，国内外科研工作者已开展了大量的研究工作，现以云计算环境下具有代表性的应用模式[55]——云工作流(科学工作流、多层 Web 服务工作流、MapReduce 工作流和 Dryad 工作流等)为例。Rodriguez 和 Buyya[56]设计了一种在执行时间约束下的费用最小化工作流调度通用模型，并设计了一种基于粒子群优化算法的云计算资源管理算法。陈棕杆等[57]基于该通用模型，并针对粒子群优化算法存在的违反截止时间约束的问题，设计了一种基于两阶段遗传算法的云工作流资源管理策略，算法首先搜索截止时间约束下优化任务执行时间，然后以得到的可行解为初始条件，搜索租用费用最小化的资源管理策略。Byun 等提出了一种混合云下资源管理算法 BTS[58]和其在虚拟单元价格周期变化约束下的改进算法[59]。两种算法的核心思想是根据工作流任务的调度时延进行优先级设置，较小时延的任务会被分配较高的优先级和更多的资源。但是，目前大部分针对云工作流的资源管理研究工作，或针对单工作流，或针对同时提交的多工作流，或针对不同时间提交但 QoS(Quality of Service)需求相同的多工作流，鲜见针对不同时间提交的不同 QoS 需求的多工作流，因此不够贴近真实的云工作流应用环境。

通过分析云工作流执行过程，提出了一种基于强化学习和排队论的虚拟化资源配置算法[60]。该算法首先引入分段服务等级协议和单位时间成本两个衡量指标，然后将云计算环境下的虚拟化资源配置问题抽象为序贯决策问题，最后设计了优化目标函数并采用强化学习寻找最优资源分配策略。验证结果证明了该算法在服务等级协议冲突率和用户费用这两项指标上均优于常用的资源分配方法。针对云计算虚拟化资源管理在线决策任务困难问题，设计了一种基于深度强化学习 DQN(Deep Q-network)算法的多资源调度机制[61]，通过使用深度卷积神经网络对虚拟化资源状态进行特征提取，以及使用每个时间步累计折扣回报值与在并行迭代回合中同一时间步所获得的平均回报值的差作为动作价值评估改进函数，加速了最优资源自主管理策略的收敛。

在作业优化调度方面，提出一种基于模糊理论和遗传算法的混合优化任务调度算法[62]，在完成时间和租用费用的约束下优化虚拟机间负载均衡。在其网格工作流调度的研究基础上，分别设计了基于 IaaS 云的单向 IC-PCP 和带截止时间约束的双向 IC-PCP 任务分配算法，并指出两种算法的时间复杂度都仅为多项式时间[63]。针对数据密集型科学工作流应用，考虑了网络传输和执行时间的约束，设计了一种基于进化方法的任务动态分配算法[64]。针对多工作流任务公平分配问题，设计了一种优先级约束下的动态任务重排和调度算法[65]。但是，目前云计算环境下用户作业调度大部分工作是网格工作流任务分配策略在计算资源“按需付费”特性上的扩展，忽略了云计算环境最根本的“弹性资源供给”特征，因此缺乏新颖性和通用性，也不符合真实的云计算应用场景。另外，云计算环境下用户作业调度通常建模为多约束条件下的单/多目标优化问题，但当任务规模变大时，该优化问题变得异常复杂，往往无法及时得到最优任务分配策略，也易陷入局部最优。

针对云计算环境下用户作业的不同业务需求分别设计了优化调度机制。针对用户随机提交作业的调度问题，设计了一种基于队列理论的细粒度云计算系统模型，提出了一种基于强化学习的随机作业优化调度机制[66]。该机制在各虚拟机资源占有量不变的约束下，以作业响应时间最小化为优化目标，实现了随机作业的优化调度。针对计算密集型和数据密集型混合作业，设计了一种基于强化学习的混合作业优化调度机制，通过采用并行学习和知识迁移等技术加速最优作业调度策略的搜索[67]，提高了云计算环境中资源利用率和服务质量。针对不同时间提交的不同 QoS 需求的多工作流优化调度问题，设计了一种基于强化学习和有向无环图(Directed Acyclic Graph，DAG)关键路径的混合任务公平调度机制[68]，采用状态聚类大幅降低了状态空间的维度，并设计一种任务优先级动态调整策略，提高了多工作流优化调度算法的收敛速度。

参 考 文 献

[1] National Bureau of Statistics. Annual research and consultation report of panorama survey and investment strategy on China industry. Zero Power Intelligence Group，Shenzhen，2015.

[2] Chen L，Jia G. Environmental efficiency analysis of china's regional industry：A data envelopment analysis(DEA)based approach[J]. Journal of Cleaner Production，2017，142：846-853.

[3] Song C，Li M，Zhang F，et al. A data envelopment analysis for energy efficiency of coal-fired power units in China[J]. Energy Conversion and Management，2015，102：121-130.

[4] Ke J，Price L，Ohshita S，et al. China's industrial energy consumption trends and impacts of the top-1000 enterprises energy-saving program and the ten key energy-saving projects[J]. Energy Policy，2012，50：562-569.

[5] 2018 年中国乙烯行业市场现状分析. http：//www.chyxx.com/ industry /201808 / 666511.html.

[6] 苏宏业，褚健．流程工业生产过程先进控制软件的开发与应用[J]. 自动化博览，2003，20(z1)：63-67.

[7] 钱伯章．世界乙烯工业的现在和未来[J]. 自动化应用，2006，(5)：17-18.

[8] Haiyong C，Andrzej K，Michael C. Coke formation in steam crackers for ethylene production[J]. Chemical Engineering and Processing：Process Intensification，2002，41(3)：199-214.

[9] 詹倩．新型裂解炉管材料抗结焦性能的研究[D]. 北京：中国科学院金属研究所，1999.

[10] 周春．炉膛监控系统在裂解炉上的应用[J]. 石油化工技术与经济，2017，33(5)：42-45.

[11] 李洪卫，吕丽红，谢忠善．标准热电偶使用中应注意的事项和处理措施[J]. 中国计量，

2015，(5)：111-112.

[12] 付冬梅，石雅楠，杨焘，等．一种加热炉炉管表面红外检测温度的修正方法[J]. 激光与红外，2016，46(12)：1486-1490.

[13] 王树民．实现裂解炉长周期高效运行的措施[J]. 炼油与化工，2018，29(1)：30-32.

[14] Jin Y K，Li J L，Du W L，et al. Outlet temperature correlation and prediction of transfer line exchanger in an industrial steam ethylene cracking process[J]. Chinese Journal of Chemical Engineering，2013，21(4)：388-394.

[15] Shi H Y，Peng B，Jiang X Y，et al. A hybrid control approach for the cracking outlet temperature system of ethylene cracking furnace[J]. Soft Computing，2020，24(16)：12375-12390.

[16] Fedorov S N，Krasnov A N，Prakhova M Y. Algorithm for diagnostics of technical condition of the tube furnace coils[C]. 2020 International Multi-Conference on Industrial Engineering and Modern Technologies(FarEastCon)，Vladivostok，Russia，2020：1-6.

[17] Ross-Pinnock D，Maropoulos P G. Review of industrial temperature measurement technologies and research priorities for the thermal characterisation of the factories of the future[J]. Journal of Engineering Manufacture，2016，230(5)：793-806.

[18] 牛冠博，于世恒．红外在线温度场检测系统在乙烯装置裂解炉中的应用[J]. 石油化工自动化，2020，56(4)：72-74.

[19] Peng Z P，He J G，Tan Y，et al. Study of dual-phase drive synchronization method and temperature measurement algorithm for measuring external surface temperatures of ethylene cracking furnace tubes[J]. Applied Petrochemical Research，2018，8(3)：163-172.

[20] Rizkin B A，Popovich K，Hartman R L. Artificial neural network control of thermoelectrically cooled microfluidics using computer vision based on IR thermography[J]. Computers & Chemical Engineering，2019，121：584-593.

[21] Abram C，Fond B，Beyrau F. Temperature measurement techniques for gas and liquid flows using thermographic phosphor tracer particles[J]. Progress in Energy and Combustion Science，2018，64：93-156.

[22] Vangaever S，Reyniers P A，Symoens S H，et al. Pyrometer-based control of a steam cracking furnace[J]. Chemical Engineering Research & Design，2020，153：380-390.

[23] Mei G H，Zhang J，Zhao S M，et al. Simple method for calculating the local effective emissivity of the blackbody cavity as a temperature sensor[J]. Infrared Physics & Technology，2017，85：372-377.

[24] Mei G H，Tong Y，Zhang Y L，et al. A Sensor of blackbody cavity with transparent wall for

rapidly measuring the liquid temperature [J]. IEEE Transactions on Instrumentation and Measurement, 2020, 69(1): 21-23.

[25] 孔倩，姜根山，孙建浩，等．三维复杂温度场高精度声学检测方法[J]．声学学报，2021，46(5)：699-711.

[26] 武钰晖，杨岚斐，赵丽，等．基于AT的锅炉燃烧温度场重建算法研究[J]．四川大学学报(自然科学版)，2021，58(6)：46-54.

[27] 张杰，齐琪，韩哲哲，等．基于深度学习和光场成像的火焰三维温度场重建算法[J]．东南大学学报(自然科学版)，2021，51(6)：1060-1067.

[28] Valus M G, Fontoura D V R, Serfaty R, et al. Computational fluid dynamic model for the estimation of coke formation and gas generation inside petrochemical furnace pipes with the use of a kinetic net[J]. The Canadian Journal of Chemical Engineering, 2017, 95(12): 2286-2292.

[29] Solaimany Nazar A R, Banisharifdehkordi F, Ahmadzadeh S. Mathematical modeling of coke formation and deposition due to thermal cracking of petroleum fluids[J]. Chemical Engineering & Technology, 2016, 39(2): 311-321.

[30] Karimi H, Olayiwola B, Farag H, et al. Modelling coke formation in an industrialethane-cracking furnace for ethylene production[J]. The Canadian Journal of Chemical Engineering, 2020, 98(1): 158-171.

[31] Barza A, Mehri B, Pirouzfar V. Mathematical modeling of ethane cracking furnace of olefin plant with coke formation approach[J]. International Journal of Chemical Reactor Engineering, 2018, 16(9): 20170243.

[32] Abbasali S M Z, Farsi M, Rahimpour M R. Simulation and dynamic optimization of an industrial naphtha thermal cracking furnace based on time variant feeding policy[J]. Chemical Product and Process Modeling, 2018, 13(2): 20170032.

[33] Davarpanah A, Zarei M, Valizadeh K, et al. CFD design and simulation of ethylene dichloride (EDC) thermal cracking reactor[J]. Energy Sources, Part A: Recovery, Utilization, and Environmental Effects, 2019, 41(13): 1573-1587.

[34] 周东华，李钢，李元．数据驱动的工业过程故障诊断技术：基于主元分析与偏最小二乘的方法[M]．北京：科学出版社，2011.

[35] 姜斌，陈宏田，易辉，等．数据驱动高速列车动态牵引系统的故障诊断[J]．中国科学：信息科学，2020，50(4)：496-510.

[36] Su X, Wu Y Y, Pei H J, et al. The prediction of coke yield of FCC unit using different artificial neural network models[J]. China Petroleum Processing and Petrochemical Technology,

2016，18(3)：102-109.
[37] 陈德坤，万鑫，赵众．基于工况识别的乙烯裂解炉烧焦过程 COT 随机分布系统建模[J]. 化工自动化及仪表，2022，49(1)：47-53.
[38] Peng Z P，Zhao J F，Yin Z L，et al. ABC-ANFIS-CTF：A Method for diagnosis and prediction of coking degree of ethylene cracking furnace tube[J]. Processes，2019，7(12)：909.
[39] Bi K，Beykal B，Avraamidou S，et al. Integrated modeling of transfer learning and intelligent heuristic optimization for a steam cracking process[J]. Industrial & Engineering Chemistry Research，2020，59(37)：16357-16367.
[40] Symoens S H，Olahova N，Muñoz Gandarillas A E，et al. State-of-the-art of coke formation during steam cracking：Anti-coking surface technologies[J]. Industrial & Engineering Chemistry Research，2018，57(48)：16117-16136.
[41] 李平，许锦，胡天生，等．百万吨级乙烯装置裂解炉先进控制系统设计与应用[J]. 乙烯工业，2021，33(1)：56-61.
[42] 孙孝儒，沈利民．乙烯裂解炉管结焦机理及其防护措施研究进展[J]. 腐蚀科学与防护技术，2017，29(5)：575-580.
[43] 金沛斌，沈利民．乙烯裂解炉炉管失效形式及其原因分析研究进展[J]. 化工机械，2016，43(3)：263-267+301.
[44] 杨柯，杨帆，王俊杰，等．乙烯装置 HS-Ⅲ型裂解炉炉管断裂分析[J]. 乙烯工业，2020，32(4)：54-56+6.
[45] Wang W H，Liang K W，Wang C Y，et al. Comparative analysis of failure probability for ethylene cracking furnace tube using Monte Carlo and API RBI technology[J]. Engineering Failure Analysis，2014，45：278-282.
[46] Otegui J L，De Bona J，Fazzini P G. Effect of coking in massive failure of tubes in an ethylene cracking furnace[J]. Engineering Failure Analysis，2015，48：201-209.
[47] Han Z Y，Xie G S，Cao L W，et al. Material degradation and embrittlement evaluation of ethylene cracking furnace tubes after long term service[J]. Engineering Failure Analysis，2019，97：568-578.
[48] Geerts M，Symoens S H，Reyniers P A，et al. Steam cracking coke properties and their influence on furnace run length predictions：Experimental and modeling study[J]. Industrial & Engineering Chemistry Research，2020，59(52)：22460-22472.
[49] Geerts M，Ristic N，Djokic M，et al. Crude to olefins：Effect of feedstock composition on coke formation in a bench-scale steam cracking furnace[J]. Industrial & Engineering Chemistry Research，2020，59(7)：2849-2859.

[50] Kucora I, Paunjoric P, Tolmac J, et al. Coke formation in pyrolysis furnaces in the petrochemical industry[J]. Petroleum Science and Technology, 2017, 35(3): 213-221.
[51] Zhao T, Li P, Cao J T. Soft sensor modeling of chemical process based on self-organizing recurrent interval type-2 fuzzy neural network[J]. ISA Transactions, 2019, 84: 237-246.
[52] Plehiers P P, Symoens S H, Amghizar I, et al. Artificial intelligence in steam cracking modeling: A deep learning algorithm for detailed effluent prediction[J]. Engineering, 2020, 5: 1027-1040.
[53] Wang Z, Han Y M, Li C F, et al. Input-output networks considering graphlet-based analysis for production optimization: Application in ethylene plants[J]. Journal of Cleaner Production, 2021, 278: 123955.
[54] Hua F, Fang Z, Qiu T. Application of convolutional neural networks to large-scale naphtha pyrolysis kinetic modeling[J]. Chinese Journal of Chemical Engineering, 2018, 26(12): 2562-2572.
[55] Fuhui W, Qingbo W, Yusong T. Workflow scheduling in cloud: A survey[J]. Journal of Supercomputing, 2015, 71: 3373-3418.
[56] Rodriguez M A, Buyya R. Deadline based resource provisioning and scheduling for scientific workflows on clouds[J]. IEEE Transactions on Cloud Computing, 2014, 2(2): 222-235.
[57] Zonggan C, Kejing D, Zhihui Z. Deadline constrained cloud computing resources scheduling for cost optimization based on dynamic objective genetic algorithm[C]. Proceedings of the 2015 IEEE Congress on Evolutionary Computation, IEEE, Sendai, Japan, 2015: 708-714.
[58] EunKyu Byun, YangSuk Kee, JinSoo Kim. Cost optimized provisioning of elastic resources for application workflows[J]. Future Generation Computer Systems, 2011, 27: 1011-1026.
[59] EunKyu B, YangSuk K, JinSoo K, et al. BTS: Resource capacity estimate for time-targeted science workflows[J]. Journal of Parallel and Distributed Computing, 2011, 71: 848-862.
[60] Zhiping P, Delong C, Jinglong Z. Research on cloud computing resources provisioning based on reinforcement learning[J]. Mathematical Problems in Engineering, 2015, 9: 1-12.
[61] Jianpeng L, Zhiping P, Delong C. Deep reinforcement learning for multi-resource cloud job scheduling[C]. Proceedings of the 2018 International Conference on Neural Information Processing, Springer, Cham, 2018, in press.
[62] Mohammad S, Saeed J, Saeid A, et al. UGE: A joint meta-heuristic approach to cloud job scheduling algorithm using fuzzy theory and a genetic method[J]. Cluster Computing, 2015, 18(2): 829-844.
[63] Saeid A, Mahmoud N, Dick E. Deadline-constrained workflow scheduling algorithms for

infrastructure as a service clouds [J]. Future Generation Computer Systems, 2013, 29: 158-169.

[64] Claudia S, Quan Z S, Trent K, et al. Science in the cloud: Allocation and execution of data-intensive scientific workflows[J]. Journal of Grid Computer, 2014, 12: 245-264.

[65] Wei C, Young C L, Alan F, et al. Adaptive multiple-workflow scheduling with task rearrangement[J]. Journal of Supercomputing, 2015, 71(4): 1297-1317.

[66] Zhiping P, Delong C, Jinglong Z, et al. Random task scheduling scheme based on reinforcement learning in cloud computing[J]. Cluster Computing, 2015, 18(4): 1595-1607.

[67] Delong C, Zhiping P, Jianbin X. A reinforcement learning-based mixed job scheduler scheme for grid or IaaS cloud[J]. IEEE Transactions on Cloud Computing. online.

[68] Delong C, Zhiping P, Wende K, et al. Cloud workflow scheduling algorithm based on reinforcement learning [J]. International Journal of High Performance Computing and Networking, 2018, 11(3): 181-190.

第二章 技术特征、主要技术指标及创新点

研发的云计算环境下乙烯裂解炉炉管智能健康监测平台由乙烯裂解炉炉管外表面非接触式智能测温装置(简称“智能测温装置”)和裂解炉炉管智能结焦诊断软件系统(简称“炉管智能结焦诊断软件系统”)两部分组成，平台组成如图 2-1 所示。

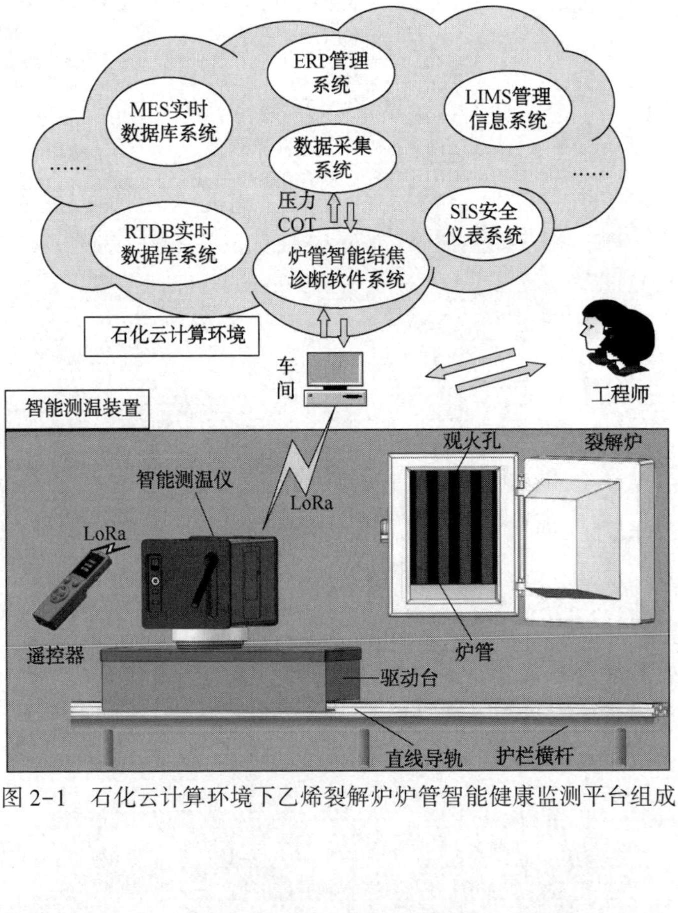

图 2-1　石化云计算环境下乙烯裂解炉炉管智能健康监测平台组成

智能测温装置包括裂解炉炉管外表面非接触式智能测温仪（简称“智能测温仪”）、驱动台、导轨、遥控器等仪器设备，具有对裂解炉炉管自动外壁定位、自动监测温度、自动甄别温度、自动计量温度，并与裂解炉炉管智能结焦诊断软件系统协同工作等功能。炉管智能结焦诊断软件系统根据裂解炉炉管外表面温度、裂解炉炉管出口裂解气温度、横跨段压力、文丘里压力、裂解原料类型、裂解炉类型等因素，实现炉管智能结焦程度实时准确诊断和结焦趋势准确预测，为裂解炉炉管清焦等主要检维修操作提供重要依据。

2.1　技术特征

2.1.1　智能测温装置的结构特征

智能测温装置工作场景如图 2-2 所示。

图 2-2　智能测温装置实际工作场景

裂解炉炉管实际排列如图 2-3 所示，示意如图 2-4 所示。

1. 智能测温仪

智能测温仪的实物外观与外观结构如图 2-5 所示。智能测温仪由电源开关、充电口、USB 数据传输接口、天线、连接底座、液晶屏、外壳、测温探头和测距探头组成。

(a)从裂解炉第一层走廊看到的排列　　(b)从裂解炉第三层走廊看到的排列

图 2-3　裂解炉炉管排列

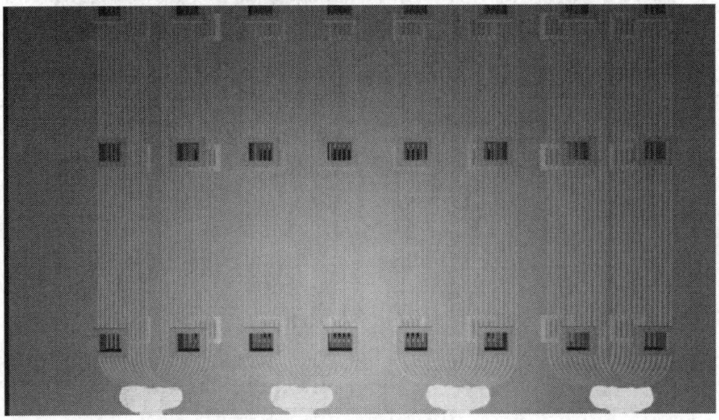

图 2-4　裂解炉炉管布局示意

2. 驱动台

驱动台的实物外观如图 2-6 所示，驱动台由连接底座与驱动控制盒两部分组成。

(1) 连接底座

连接底座的实物外观与外观结构如图 2-7 所示。

(a)智能测温仪实物外观

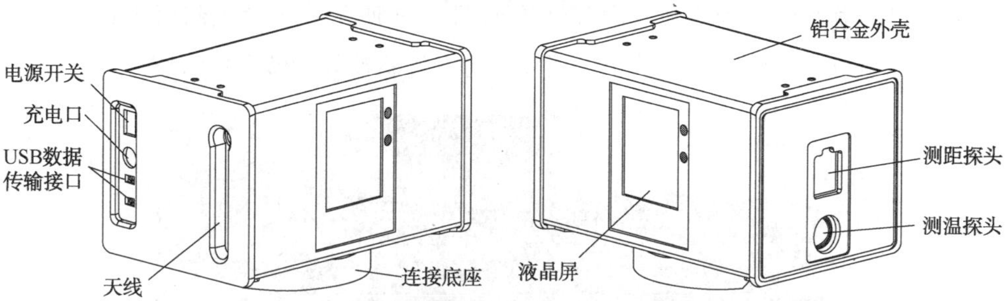

(b)智能测温仪外观结构

图 2-5 智能测温仪实物外观和结构

图 2-6 驱动台的实物外观

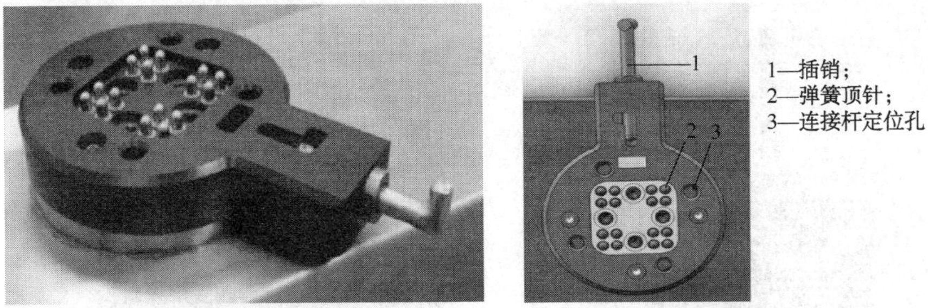

(a)连接底座实物外观　　(b)连接底座外观结构

图 2-7　连接底座实物外观和结构

(2) 驱动控制盒

驱动控制盒的实物外观与内部结构如图 2-8 所示。驱动控制盒由霍尔传感器、水平电机、滚轮、精密转台、挡片、光电传感器和旋转电机组成。

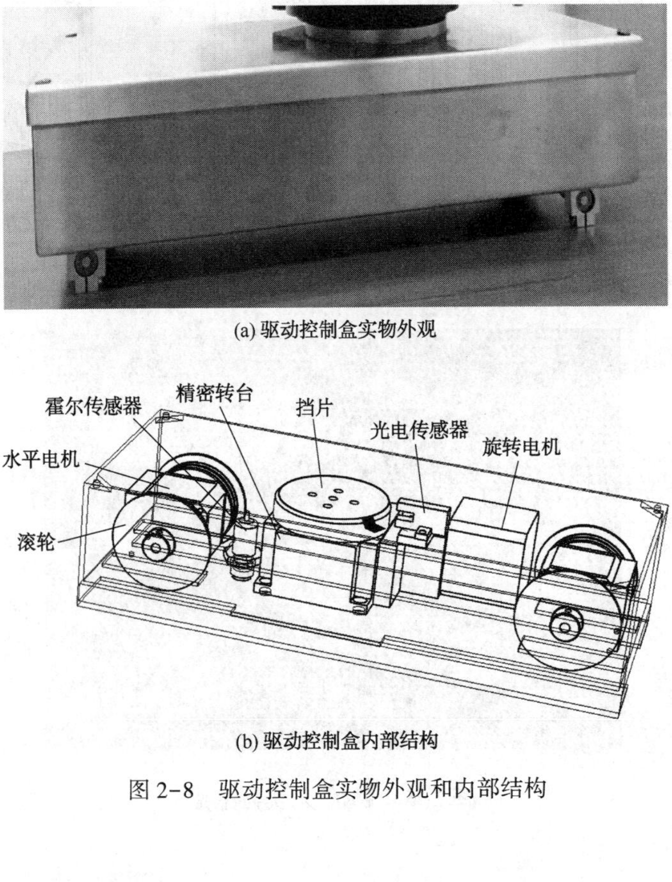

(a) 驱动控制盒实物外观

(b) 驱动控制盒内部结构

图 2-8　驱动控制盒实物外观和内部结构

3. 遥控器

遥控器的实物外观结构如图 2-9 所示。遥控器由 USB 充电口、功能按键、确认按键、液晶显示屏、电源开关和返回按键构成。

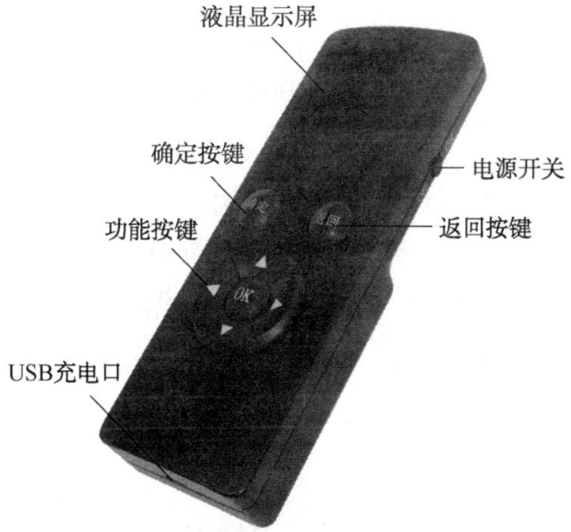

图 2-9 遥控器的实物外观结构

4. 高精度直线导轨

高精度直线导轨的实物外观如图 2-10 所示。

图 2-10 高精度直线导轨的实物外观

2.1.2 智能测温装置的技术特征

1. 智能测温仪

智能测温仪的各功能模块如表 2-1 所示。

表 2-1 智能测温仪的各功能模块

名称	型号	数量	功能
红外测温模块	MI31002M (RATEK)	1	测量炉管外表面温度和炉膛内壁温度
激光测距模块	LR-TB5000 (KEYENCE)	1	用于同步测量被测对象距离，以甄别红外测温模块所测温度为炉管外表面温度还是炉膛内壁温度

智能测温仪通过测温位置和角度的自适应优化、裂解炉抖动消减、炉管重管自动识别、异常测量数据处理、炉管温度计量等智能算法，按照自定义的炉管识别法则，对智能测温仪所采集的炉管表面温度数据进行预处理、分析、评估，得到裂解炉内每根管外壁准确的温度数据值，并将最终的温度数据结果通过无线方式传送至裂解炉炉管智能结焦诊断软件系统。

具体技术特征：

① 智能测温仪主控板采用运行主频 216MHz 的基于 ARM Cortex-M7 为内核的 STM32F767VIT6 高性能微处理器；主控板采用四层板结构，具备更好的信号稳定传输特性。

② 智能测温仪数据传输方式采用基于 433MHz 传输频率的 LoRa(Long Range Radio)的无线通信模式，具有传输距离远、数据传输稳定性高的特性。

③ 智能测温仪供电电源采用 6 节便携式 18650 锂电池组，该供电模式更加便携、安全。

④ 在运行测量过程中，智能测温仪基于水平电机和旋转电机双相同步驱动方式运动，具备自适应调节测量初始位置和角度功能。

⑤ 采用基于激光同步测距的温度甄别方法，有效识别采集的温度为炉壁温度还是炉管外表面温度；采用基于嵌入式深度卷积神经网络(Deep Convolution Neural Network，DCNN)的智能算法解决裂解炉炉管重管识别的问题；采用基于高斯混合模型检测原始数据中的异常数据；采用基于点数计量的温度计算方法，实现炉管温度的准确计算。

2. 驱动台

驱动台用于承载和驱动智能测温仪，驱动智能测温仪在导轨上进行水平移动和水平旋转，以实现测温仪的双相同步运动，而测温仪则通过炉壁的观火孔匀速地对炉管外壁、炉膛内壁等进行扫描测量。驱动台的主要组成部件如表 2-2 所示。

表 2-2　驱动台的主要组成部件

<table>
<tr><th>名称</th><th>型号</th><th>数量</th><th colspan="2">功能及精度</th></tr>
<tr><td>水平电机</td><td>35HS3408B4
（三拓电气）</td><td>1</td><td>用于驱动测温仪
水平运动</td><td rowspan="2">步距角精度可达
1.8°±1%</td></tr>
<tr><td>旋转电机</td><td>LR-TB5000
（KEYENCE）</td><td>1</td><td>用于驱动测温仪
旋转运动</td></tr>
<tr><td>霍尔传感器</td><td>NJK-5002C
（OMDHON）</td><td>1</td><td rowspan="2">用于测温仪
初始角度定位</td><td>检测距离 10mm</td></tr>
<tr><td>光电传感器</td><td>EE-SX672-WR 1M</td><td>1</td><td>检测距离 5mm</td></tr>
<tr><td>精密转台</td><td>K101DX60J
（雀喜 008）</td><td>1</td><td colspan="2">控制测温仪精确旋转的角度，无细分状态下
最大精度可达 0.01°</td></tr>
</table>

3. 遥控器

具体技术特征：

① 遥控器主控板采用主频 72MHz 的基于 ARM Cortex－M3 为内核的 STM32F103C8T6 微处理器。

② 遥控器系统数据传输方式采用基于 433MHz 传输频率的 LoRa 无线通信模式。

③ 遥控器系统供电电源采用 1 块容量为 4000mA · h 的便携式锂电池。

④ 遥控器内置数据存储 Flash，可以在测量过程中实现测量数据安全备份，同时还具有握手通信机制，实现遥控器、智能测温仪和炉管智能结焦诊断与预测软件之间完整正常通信。

⑤ 遥控器系统设计采用多级功能菜单模式，提供多种控制和选择方式。

4. 导轨

导轨为高精度的铝材直线导轨，固定安装于裂解炉观火孔对面的护栏横杆上。

图 2-11 展示了智能测温仪与驱动台组合的整体实物外观。

图 2-11　智能测温仪与驱动台组合的整体实物外观

智能测温仪的具体操作步骤如下：

步骤 1：翻开驱动台的保护箱罩，将驱动台置于裂解炉 1 号观火孔测量起始点，再将智能测温仪底板缺口方向对准驱动台连接底座插销方向，小心放下，确保连接杆插入连接杆定位孔，锁好插销。

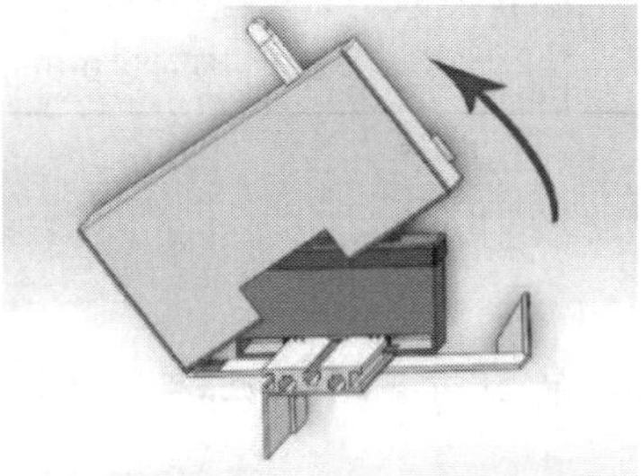

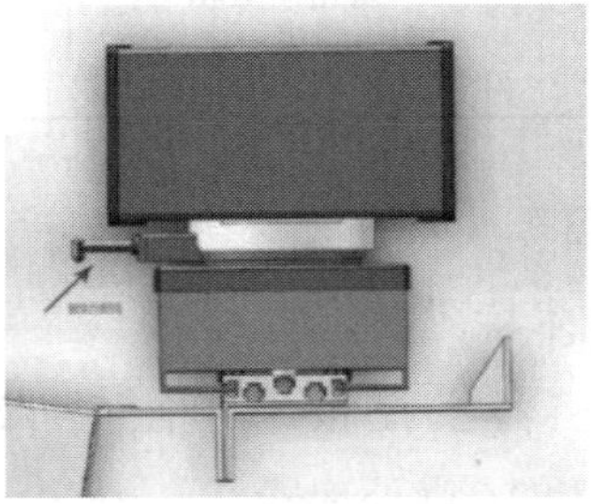

步骤 2：打开观火孔窗门，将其打开至最大角度。

步骤 3：开启测温仪电源，进行初始化，接着再开启遥控器电源，遥控器主界面如下所示。

步骤 4：选择“直接测量”菜单，进入二级菜单，选择“通信检测”按“确定”键，发送连接指令至车间。

步骤 5：若遥控器显示“通信正常”，表示遥控器、测温仪、车间上位机之间通信线路正常，按“返回”键，执行步骤 7。

步骤 6：若显示“通信异常”，关闭测温仪与遥控器电源，继续执行步骤 3~5。

步骤 7：返回二级菜单，选择“开始测量”，按“确定”键，选择测量炉号，按“确定”键，开始测量。

步骤 8：智能驱动台驱动测温仪沿导轨方向移动，检测到导轨上的传感器后进行水平位移及角度初始化，并执行自适应操作，自动识别炉管。

步骤 9：智能测温仪初始化后，进行相关测量、保存数据和发送数据，直至本观火孔的所有炉管测量完毕。

步骤 10：测量结束，当遥控器成功接收数据后，遥控器屏幕显示“＊＊号窗口测量成功”；若显示测量失败，智能测温仪继续测量下一个窗口(观火孔)，等待所有窗口测量完毕后进入步骤 12。

步骤 11：按“返回”键，关闭观火孔窗门，然后打开下一个观火孔窗门，按“确定”键，进行下一个观火孔测量。依次进行所有观火孔测量。

步骤 12：智能测温仪对裂解炉所有的观火孔成功测量完毕后，关闭智能测温仪和遥控器电源，解锁智能测温仪上的插销，将智能测温仪取下放入仪器包中，并将驱动台的保护罩盖上及上锁。

步骤 13：将智能测温仪和遥控器带回车间，检查上位机软件是否成功接收测量数据。若接收失败，开启遥控器电源，选择“备份数据”一级菜单，按“确定”键，进入二级菜单，选择“发送数据”，按“确定”键，遥控器重新为上位机软件发送测量数据，直至遥控器显示“发送成功”。

2.1.3 炉管智能结焦诊断软件系统的技术特征

研发的炉管智能结焦诊断软件系统的技术特征可描述为：

① 系统的软件开发环境：C++与 QML 混合开发。

② 操作系统：Windows 7 32bit 及以上。

③ 硬件环境：CPU 为 Intel Core(TM)i5 及以上；内存为 4GB 及以上。

④ 软件功能分类：根据功能需求，软件功能分为七大部分，分别为温度数据维护，压力数据维护，炉管数据比较，炉管结焦诊断与预测，用户信息管理，系统参数设置，软件版本信息。

⑤ 软件特色功能：炉管结焦诊断与预测功能融入了整合人工蜂群算法。自适应模糊神经推理系统和结焦时间因子的人工智能算法。该算法通过挖掘和分析采集得到的裂解炉炉管外表面温度、炉管出口裂解气温度、横跨段压力和文丘里压力的内在联系，使得炉管结焦诊断的准确率达到 99.5%，裂解炉炉管结焦诊断和结焦趋势预测更加准确、可靠。裂解炉炉管结焦诊断和结焦趋势预测的界面如图 2-12、图 2-13 所示。

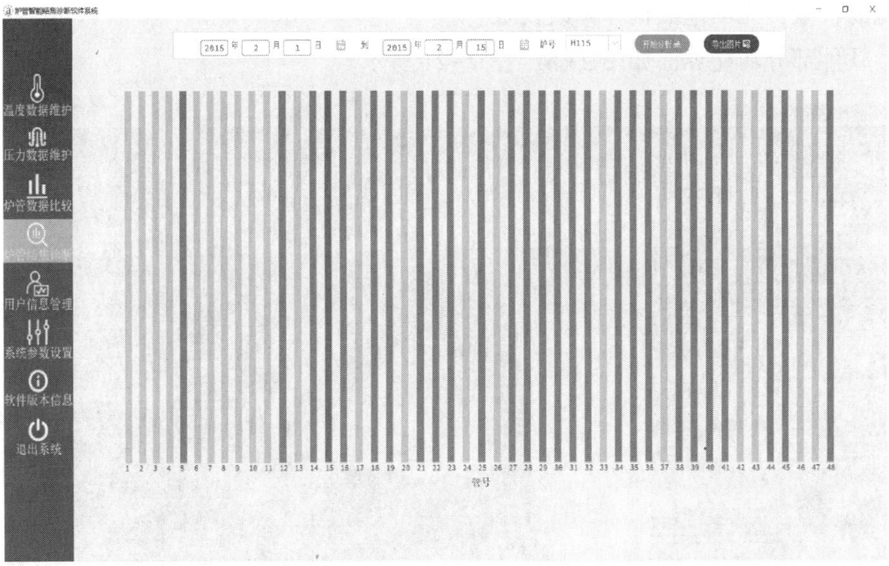

图 2-12 炉管结焦程度诊断

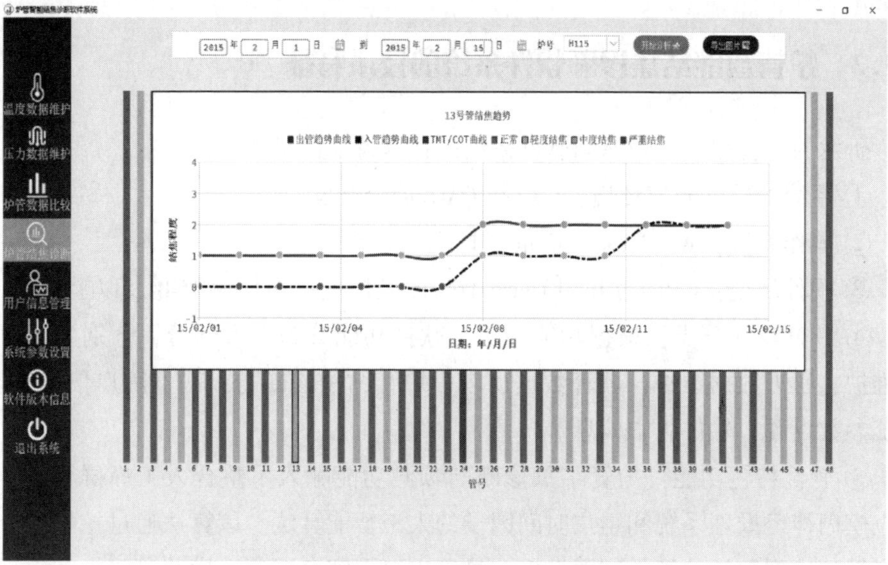

图 2-13 炉管结焦趋势预测

⑥ 软件使用特性：操作简便、安全性高、诊断智能、权限管理完善。在权限管理机制方面，软件设置了两种用户类型，分别为管理员和普通用户。管理员拥有所有功能的最高权限，拥有本地数据库修改权限；普通用户仅拥有使用软件功能的权限，无本地数据库修改权限。

软件部分功能界面如图 2-14~图 2-21 所示。

图 2-14 登录界面

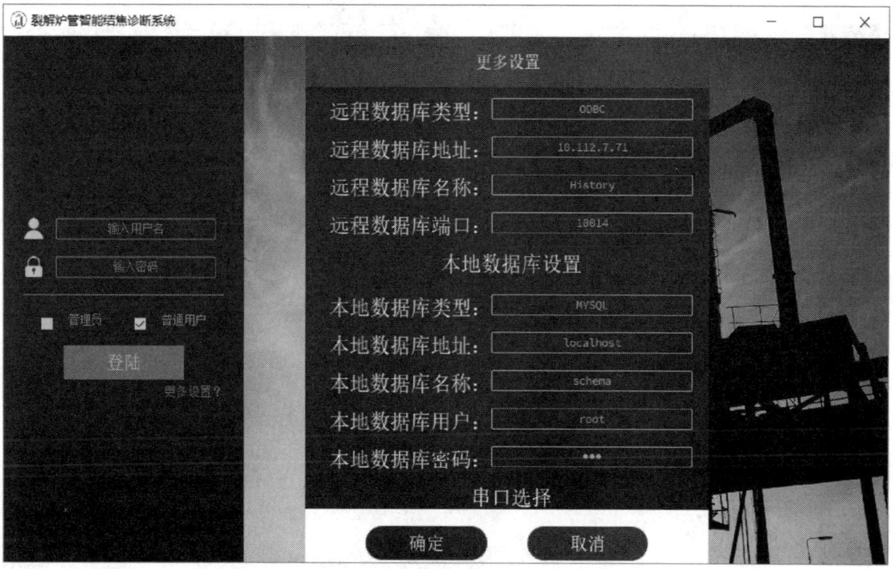

图 2-15　远程设置界面

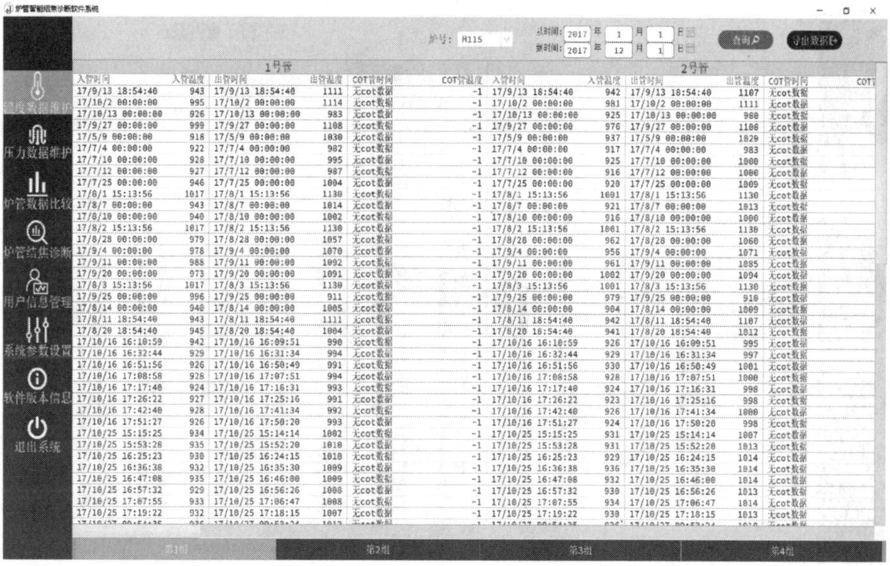

图 2-16　温度数据维护

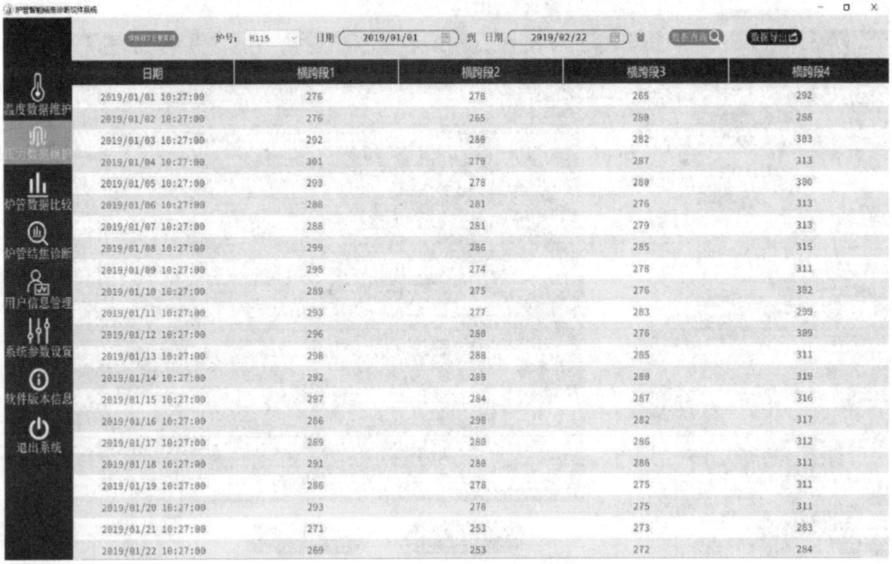

日期	横跨段1	横跨段2	横跨段3	横跨段4
2019/01/01 10:27:00	276	278	265	292
2019/01/02 10:27:00	276	265	280	288
2019/01/03 10:27:00	292	280	282	303
2019/01/04 10:27:00	301	279	287	313
2019/01/05 10:27:00	293	278	280	300
2019/01/06 10:27:00	288	281	276	313
2019/01/07 10:27:00	288	281	279	313
2019/01/08 10:27:00	299	286	285	315
2019/01/09 10:27:00	295	274	278	311
2019/01/10 10:27:00	289	275	276	302
2019/01/11 10:27:00	293	277	283	299
2019/01/12 10:27:00	296	288	276	309
2019/01/13 10:27:00	298	288	285	311
2019/01/14 10:27:00	292	289	288	319
2019/01/15 10:27:00	297	284	287	316
2019/01/16 10:27:00	286	298	282	317
2019/01/17 10:27:00	289	288	286	312
2019/01/18 10:27:00	291	280	286	311
2019/01/19 10:27:00	286	278	275	311
2019/01/20 10:27:00	293	276	275	311
2019/01/21 10:27:00	271	253	273	283
2019/01/22 10:27:00	269	253	272	284

图 2-17　压力数据维护

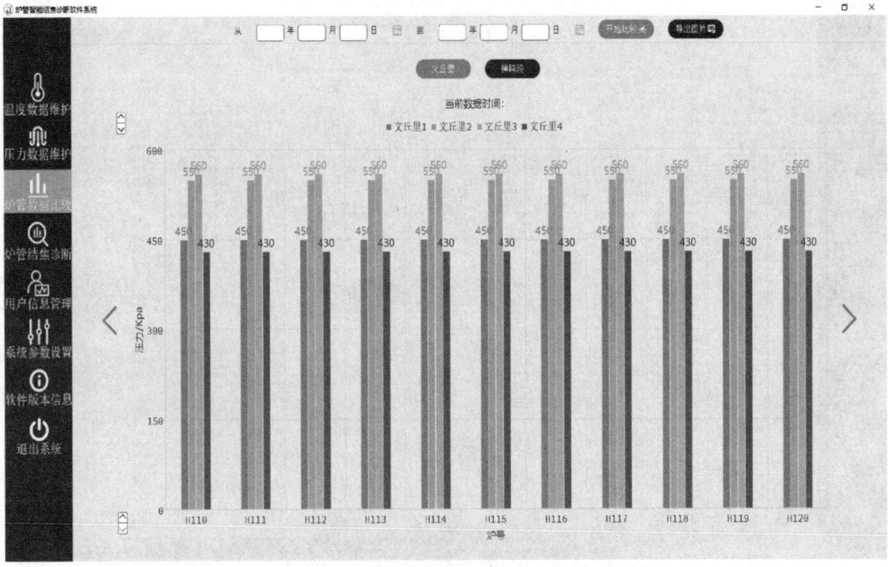

图 2-18　炉管数据比较

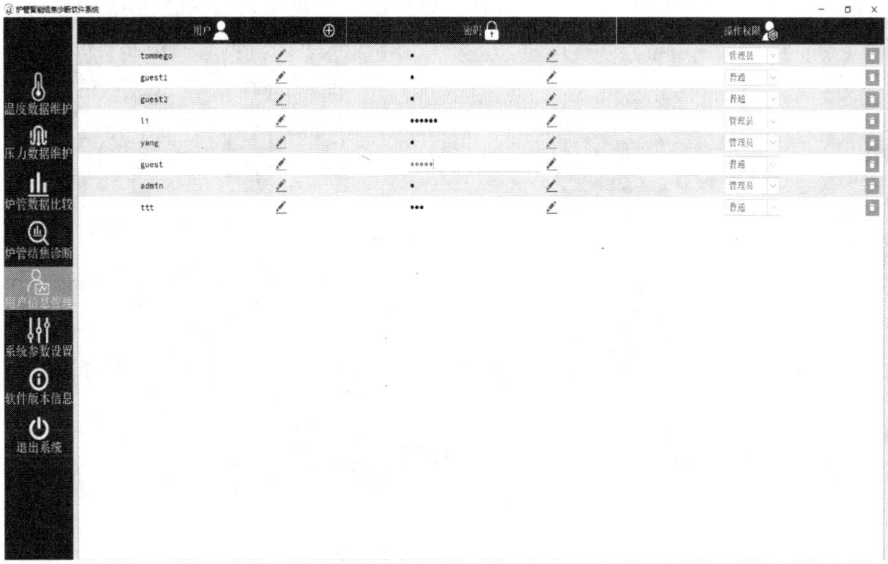

图 2-19　用户信息管理

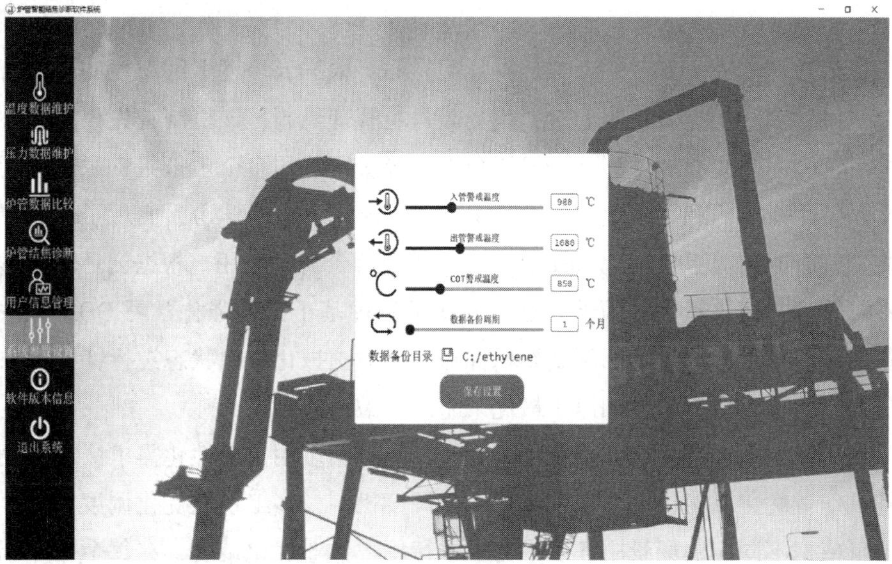

图 2-20　系统参数设置

图 2-21　软件版本信息

2.1.4　云计算环境下虚拟化资源自主管理和作业优化调度的技术特征

在云计算环境下虚拟化资源自主管理方面：根据云环境下细粒度的资源管理需要，设计了基于虚拟机簇的虚拟化资源自主管理机制，该机制首先根据用户提交的需求和不同作业的类型，生成符合服务等级协议的多个虚拟机资源；然后根据资源效用指标，利用强化学习进行虚拟机资源调度策略学习，实现了在确保服务质量等级的前提下，优化 CPU、内存、带宽等资源的利用。根据云环境下虚拟化资源管理在线决策任务困难问题，设计了一种基于深度强化学习 DQN 算法的多资源调度机制，通过使用深度卷积神经网络对虚拟化资源状态进行特征提取和改进动作价值评估方法，加速了最优策略的收敛。

在云计算环境下用户作业优化调度方面：根据多用户个性化需求，分别设计了随机作业优化调度机制、混合作业优化调度机制、多工作流优化调度机制。各机制可依据不同应用场景服务质量需求进行用户作业优化调度，在每个作业调度时刻，基于虚拟机簇实时效用信息决策出最优任务分配策略，在满足服务等级协议的前提下实现各种云作业的公平调度和各虚拟机簇的负载均衡。

2.2 主要技术指标

2.2.1 智能测温装置的技术指标

1. 智能测温仪

智能测温仪的技术指标如表 2-3 所示。

表 2-3 智能测温仪的技术指标

项目	指标	项目	指标
运行温度	-5~80℃	运行控制方式	无线遥控器
运行相对湿度	0~99%	每个观火孔可测温度点数	600~900 点
工作电压	18~24VDC	每根炉管外壁测量点数	15~20 点
测温范围	0~1400℃	每台裂解炉测量时间	8~9min
测温误差率	≤0.3%	外壳材质	铝合金
测距范围	0~5000mm	观火孔、炉管自动识别准确率	99.99%
测距响应时间	2~2000ms	无线通信频率	433MHz
红外测量频率	10Hz	激光测量频率	10Hz
额定功率	48W	连续工作时长	1.5h
尺寸	16.5cm×11cm×13cm	重量	1.9kg

2. 驱动台

驱动台的技术指标如表 2-4 所示。

表 2-4 驱动台的技术指标

项目	指标	项目	指标
运行温度	-5~80℃	旋转角度精度	0.01°
运行相对湿度	0~99%	测温过程中可水平旋转角度	0~180°
工作电压	18~24VDC	外壳材质	304 不锈钢
尺寸	28cm×12cm×10.5cm	重量	1.2kg

3. 遥控器

遥控器的技术指标如表 2-5 所示。

表 2-5　遥控器的技术指标

项目	指标	项目	指标
运行温度	-5~80℃	遥控范围	0~20m
运行相对湿度	0~99%	电池容量	4000mA · h
工作电压	3.3~3.7VDC	外壳材料	ABS 塑料

4. 导轨

导轨的技术指标如表 2-6 所示。

表 2-6　导轨的技术指标

<table>
<tr><th>项目</th><th>指标</th><th>项目</th><th>指标</th></tr>
<tr><td>运行温度</td><td>-5~80℃</td><td rowspan="2">集合惯性</td><td rowspan="2">Lx：2.85cm^4
Ly：2.85cm^4</td></tr>
<tr><td>运行相对湿度</td><td>0~99%</td></tr>
<tr><td>材质</td><td>铝合金型材</td><td>截面惯性</td><td>Zx：1.80cm^3
Zy：1.80cm^3</td></tr>
</table>

2.2.2　炉管智能结焦诊断软件系统的技术指标

1. 功能性技术指标

炉管智能结焦诊断软件系统的炉管结焦诊断准确率达到 99.5%，其功能性技术指标如表 2-7 所示。

表 2-7　炉管智能结焦诊断软件系统的功能性技术指标

<table>
<tr><td rowspan="2">温度数据维护</td><td>温度数据导入</td><td>① 无线导入数据：通过 LoRa 接收器接收测温仪传送到系统的炉管外表面温度数据，将其储存到本地数据库的同时以面积图和直方图的形式展示
② 手工导入新数据：使用者也可以通过手工方式导入储存于测温仪遥控器中的数据</td></tr>
<tr><td>温度数据查询</td><td>① 查询：使用者可指定时间区间以及炉号查询炉管外表面温度历史数据
② 导出数据：使用者也可以将查询的历史数据以 Excel 表格的形式导出</td></tr>
</table>

续表

压力数据维护	文丘里数据输入	使用者输入文丘里数据以及其对应时间、炉号，系统将这些数据储存到本地数据库中
	压力数据查询	① 文丘里数据查询：使用者可指定时间区间以及炉号查询储存于本地数据库中的文丘里数据 ② 横跨段数据查询：使用者可指定时间区间以及炉号查询乙烯数据采集系统上的横跨段数据 ③ 数据导出：使用者所查询的文丘里数据或横跨段数据都能以 Excel 表格的形式导出
炉管数据比较	温度数据比较	① 炉管温度多管比较：使用者可以设定比较时间区间、炉号，以及选择比较炉管，自定义地比较炉管温度数据 ② 图片导出：使用者可将比较曲线图以 PNG 格式的图片导出
	压力数据比较	① 数据比较：从乙烯数据采集系统读取的压力数据，经由系统处理后生成炉管压力直方图，让使用者对炉管的压力情况清晰明了 ② 图片导出：使用者可将比较直方图以 PNG 格式的图片导出
炉管结焦诊断与预测	① 炉管结焦诊断：通过测温仪测量的炉管外表面温度数据，以及从乙烯数据采集系统读取的压力数据、炉管出口裂解气温度数据，经过模糊神经网络算法的处理，得出炉管结焦情况。同时将算法计算出的炉管结焦情况通过曲线图的形式展示，让使用者更好地把握炉管结焦趋势 ② 炉管结焦预测：使用者可将结焦趋势曲线图以 PNG 格式的图片导出	
用户信息管理	① 添加用户：管理员可增加此系统的新用户，并为其指定用户名和密码 ② 指定用户权限：管理员可为新增用户指定操作权限	
系统参数设置	① 参数综合设置：设置相应的结焦预警值，系统会在使用者导入数据的时候，针对超出预警值的数据给予预警 ② 数据备份周期设置：系统会将炉管历史温度，根据使用者设定的数据备份周期，定时导出，并以 Excel 文件形式有序保存	

2. 非功能性技术指标

炉管智能结焦诊断软件系统的非功能性技术指标如表 2-8 所示。

表 2-8 炉管智能结焦诊断软件系统的非功能性技术指标

性能指标	① 从登录到第一个页面显示低于 1.5s ② 页面间切换低于 300ms ③ 一周内数据结焦诊断处理时间低于 3s
安全性指标	系统具有严格的权限访问控制，用户在经过身份认证后，才能访问其权限范围内的数据，只能进行其权限范围内的操作，可保护数据不被非法/越权访问和篡改，确保数据的机密性和完整性
可靠性指标	系统对数据完整性有严格的检测机制，对用户的输入有限定，以防止数据异常；系统能处理运行过程中出现的各种异常，如：人为操作失误，输入非法数据等
环境需求性指标	① 硬件：CPU：Intel i5-7200U(及以上)，内存：4GB(及以上) ② 操作系统：Windows 7 32bit(及以上) ③ 应用软件及其部件：MySql 数据库 5.6.42(及以上)
易用性指标	用户在接受一次 2h 的全面培训后，即可自行操作系统
可用性指标	在数据查询高峰期，系统能保证不宕机、不崩溃；在 95%的故障中，系统最多需要 20s 重启
可维护性指标	在接到修改请求后，对于普通修改可在 1~2 天内完成；对于评估后为重大需求或设计修改可在 1 周内完成；90%的 BUG 修改时间不超过 1 个工作日，其他不超过 2 个工作日；安装新版本可保持所有的数据库内容和所有个人设置不变
可扩展性指标	可实现大数据量访问时数据库的负载均衡；日后若结焦诊断处理的数据量增大，则系统可相应提升硬件配置或算法性能来实现扩展；日后若出现新的裂解炉炉管健康运维需求，则系统可通过增加相应功能模块来实现扩展，无须改变系统的主控程序和已有功能模块，实现功能模块扩展的低耦合性

2.2.3 云计算环境下虚拟化资源自主管理和作业优化调度的技术指标

虚拟化资源自主管理和作业优化调度的技术指标如表 2-9 所示。

表 2-9 虚拟化资源自主管理和作业优化调度的技术指标

资源调整时间	虚拟机资源动态调整时间小于 6s
资源利用率	繁忙时平均虚拟机的资源利用率不低于 70%，空闲时平均虚拟机的资源利用率不高于 30%
作业响应时间	平均用户作业响应时间小于 3s
传输时间和误码率	平均数据实时传输时间<3s，误码率<0.1%

2.3 创新点

1. 研发了乙烯裂解炉炉管外表面非接触式智能测温装置关键技术及其成套仪器设备

① 提出了一种智能测温仪水平运动与水平旋转的双相同步方法。通过构建乙烯裂解炉炉管外表面实际测温环境下驱动台中水平电机速度和旋转电机角速度之间的非线性关系模型，实现了智能测温仪在测量炉管外表面温度过程中，智能测温仪水平运动和水平旋转的双相同步运行，确保智能测温仪在观火孔有效测温视野范围内及其对应的水平导轨有效行程内对乙烯裂解炉炉管外表面温度的有效测量。

② 提出了一种基于激光同步测距的温度甄别方法。智能测温仪内置红外测温模块和激光测距模块，通过两者的垂直对焦和水平对焦，使得智能测温仪通过测温模块测温时，也同步通过测距模块测量同一目标的距离，然后根据目标的距离特征甄别所测温度是否为炉管外表面温度，实现了对乙烯裂解炉炉管外表面温度的有效甄别。

③ 提出了一种用于智能测温仪的基于高斯混合模型的离群点检测算法。该算法结合期望最大化(EM)算法以及高斯混合模型，实现了测温仪在测量乙烯裂解炉炉管外表面温度过程中采集的原始数据离群点的有效检测。

④ 提出了一种基于负相关搜索(NCS)算法的深度卷积神经网络模型压缩方法，以及基于该模型压缩方法的嵌入式深度卷积神经网络的乙烯裂解炉炉管重管识别方法。通过实施网络节点权值类型定点化变换，利用 ARM 的 CMSIS-NN 库包在智能测温仪的嵌入式处理器上进行深度卷积神经网络重构，结合压缩变换的网络节点权值，将深度卷积神经网络移植到智能测温仪上，使嵌入的深度卷积神经网络在智能测温仪测量过程中对裂解炉炉管进行高精准的重管识别。

⑤ 提出了一种基于密度的噪声应用空间聚类算法(DBSCAN)的乙烯裂解炉炉管外表面温度计量方法。该方法先对智能测温仪连续采集到的原始数据进行预处理，形成连续炉管采集点区域系列和连续炉膛采集点区域系列，再根据自定义的炉管识别法则，使用内嵌的深度卷积神经网络算法逐个对炉管采集点区域进行重管识别和分割，最终形成每根炉管外表面温度采集点集合，然后使用 DBSCAN 对

炉管外表面温度采集点进行聚类，最后对聚类簇进行求均值获得最终炉管外表面温度的结果。

2. 研发了乙烯裂解炉炉管智能结焦诊断与预测关键技术

提出了一种基于人工蜂群算法(ABC)、自适应模糊神经推理系统(ANFIS)和炉管结焦时间因子(CTF)三者融合的乙烯裂解炉炉管智能结焦诊断与预测方法。利用ABC算法的全局最优性和快速收敛性优势，优化ANFIS的网络结构参数，实现了基于ABC-ANFIS方法的裂解炉炉管结焦程度准确诊断；利用裂解炉炉管外表面温度、绝压比(文丘里压力和横跨段压力的比值)、炉管出口裂解气温度(COT)与裂解炉炉管运行周期的关系，构建了炉管结焦时间因子，实现了基于ABC-ANFIS-CTF方法的裂解炉炉管结焦趋势准确预测。

3. 研发了云计算环境下虚拟化资源自主管理和作业优化调度机制

① 提出了云计算环境下基于分段服务等级协议和深度强化学习算法的虚拟化资源自主管理机制。根据云计算环境下用户作业执行响应时间和执行过程，将用户作业和每个阶段的执行时间分为三个部分，同时根据作业执行过程将服务等级协议对应进行分段，设计了一种资源效用指标，并基于深度强化学习算法，通过使用深度卷积神经网络对虚拟化资源状态进行特征提取，使用每个时间步累计折扣回报值与在并行迭代回合中同一时间步所获得的平均回报值的差作为动作价值评估改进函数，加速了虚拟机资源调度最优策略的收敛。该机制实现了云计算环境下虚拟化资源自主管理，在确保服务质量等级的前提下，减少CPU、内存、带宽等资源占用。

② 提出了云计算环境下基于强化学习、排队论、图论的多作业优化调度和多工作流优化调度机制。结合 $M/M/n$ 队列理论，构建了细粒度的云计算系统模型，实现了基于强化学习的随机作业优化调度；结合并行学习和知识迁移等技术，加速作业调度最优策略的搜索，实现了基于强化学习的混合作业优化调度；结合有向无环图的关键路径进行状态聚类以降低状态空间的维度，并设计一种任务优先级动态调整策略，实现了基于强化学习的多工作流混合任务公平优化调度。

第三章 平台关键技术

3.1 智能测温装置的关键技术

3.1.1 智能测温仪的关键技术

智能测温仪集成了无线通信、数据存储、电量检测、传感器检测、边缘计算、距离采集、温度采集、液晶显示、电源管理和电机驱动等功能。

智能测温仪的系统功能结构如图 3-1 所示。

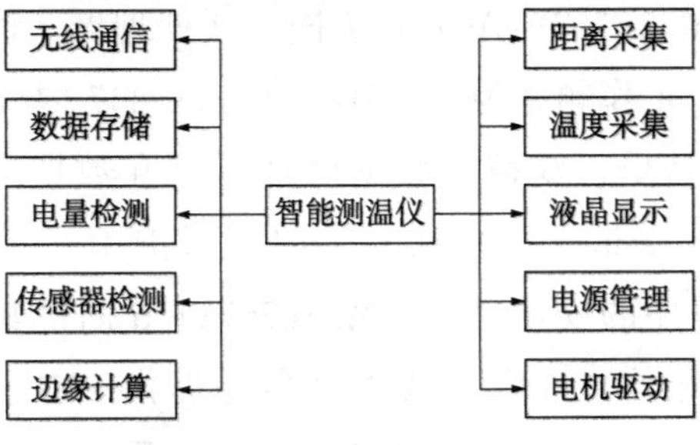

图 3-1　智能测温仪的系统功能结构

1. 无线通信模式采用 LoRa 物联网通信协议

乙烯工业生产现场只能使用低频段、低功率、低传输率的无线通信方式。根据 SY/T 5225《石油天然气钻井、开发、储运防火防爆安全生产技术规程》规定，在集输、输油等站、库易燃易爆区域内进行作业时，禁止使用高频段非防爆通信工具。SH/T 3153《石油化工电信设计规范》规定，石油化工企业数字微波等系统的工作频率，根据容量、工作频道配置的需要，宜选择低于 1.5GHz。由于 4G 发射接收功率高，通信时工作电流大，在其辐射范围易产生静电，对属于易燃易爆的化工生产现场带来极大的安全隐患，类似频段高、功率大的无线通信方式均不适合在乙烯工业现场使用。因此低频段、低功率、低传输率的无线通信方式，如 LoRa，成为乙烯工业生产现场无线通信方式的优先选择。

测温仪在炉管测温过程中会产生大量的温度和距离测量数据，如果将这些原始数据通过乙烯生产现场使用的低速率无线进行实时传输，必然造成传输延时和误差率高。比较合理的做法是在测温仪一端就能处理原始测量数据，然后将处理结果发送到炉管智能结焦诊断软件系统。显然，与原始测量数据相比，处理后的数据量大大减少，如此便可大规模缩减乙烯工业生产现场无线传输的数据量，从而显著减少无线传输的负担。

综上所述，智能测温仪内嵌测温位置和角度的自适应优化、裂解炉抖动消减、炉管重管自动识别、异常测量数据处理、炉管温度计量等一系列智能算法，按照自定义的炉管识别法则，对智能测温仪所采集的炉管表面温度数据进行预处理、分析、评估，得到裂解炉内每根炉管外表面准确的温度数据值，并将最终的温度数据结果通过 LoRa 无线通信传送至裂解炉炉管智能结焦诊断软件系统。

2. 控制主板设计

智能测温仪以 STM32F767VIT6 芯片为嵌入式处理器，该芯片基于高性能 32 位 Cortex-M7 的内核，工作频率为 216MHz。Cortex-M7 内核具有浮点单元(Float Point Unit，FPU)，支持单、双精度数据处理指令和数据类型，实现了一整套 DSP(Digital Signal Processing)指令和一个内存保护单元(Micro Processor Uint，MPU)，可增强应用程序的安全性。STM32F767VIT6 内部集成高速嵌入式存储器，闪存高达 2MB。此外，该嵌入式处理器还提供 FMC 接口、USART 接口、SDIO 接口、I2C 接口、A/D 转换器、RTC 时钟等资源。

以 STM32F767VIT6 处理器为核心的智能测温仪主控板的外围电路设计如图 3-2所示。

嵌入式处理器与测距探头通信采用 AD(Digital Analog)模数转换采集方式，与测温探头通信采用串口转 485 的方式。485 通信电路采用 SN65LBC184 芯片作电平转换。485 通信电路如图 3-3 所示。

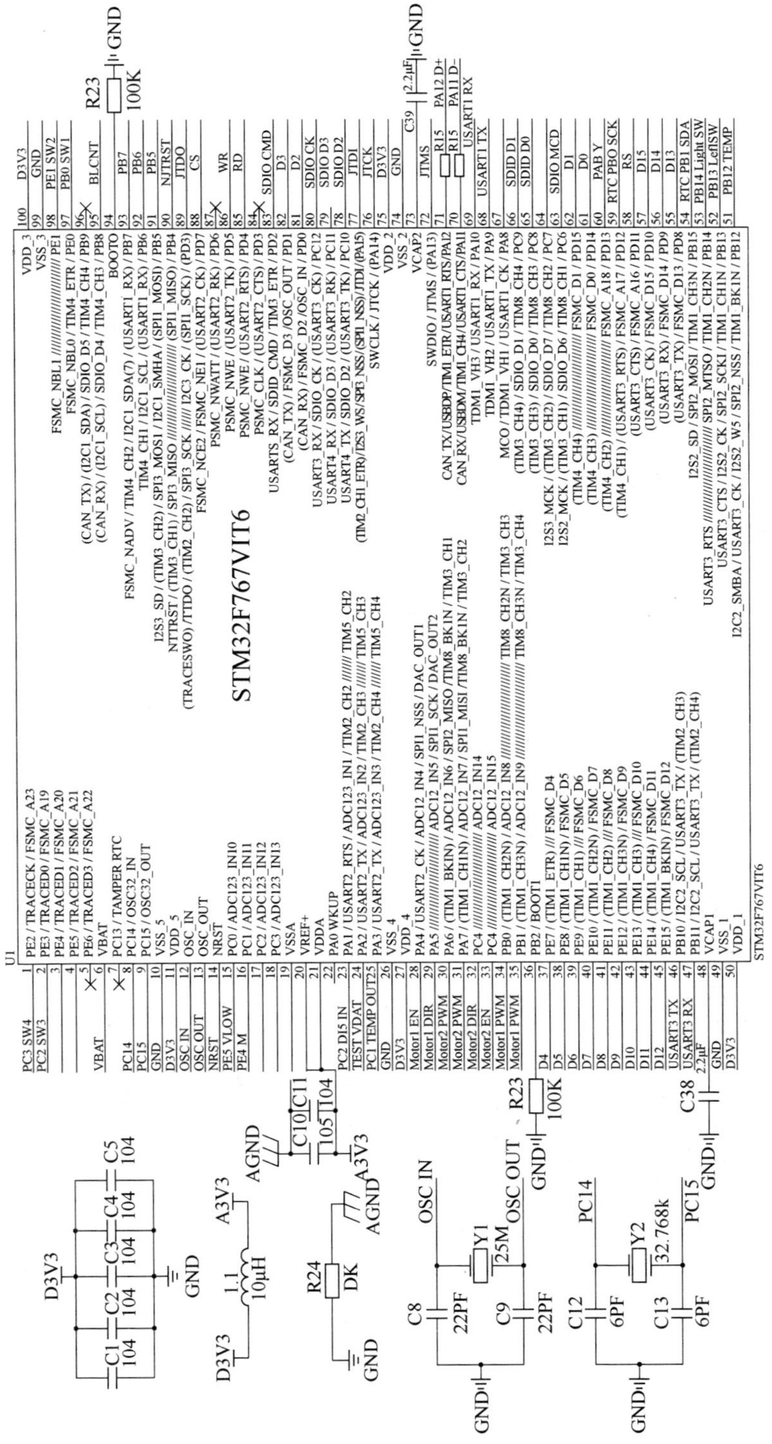

图3-2 智能测温仪主控板的外围电路设计

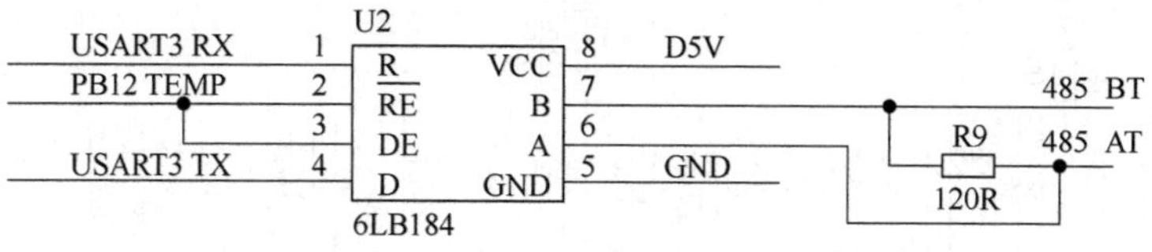

图 3-3　485 通信电路

智能测温仪的电源由 6 节 18650 锂电池提供，电源电压的范围为 22. 2 ~ 25. 2V。在主控板中通过 ITB2424LD、ITB2405S 电源模块将锂电池提供的电压分别转换为供测温和测距探头稳定使用的 24V 和供主控板上其他元件使用的 5V 电源，另外主控芯片所需的 3V3 电源由 AMS1117 - 3. 3 转换提供。电源电路如图 3-4所示。

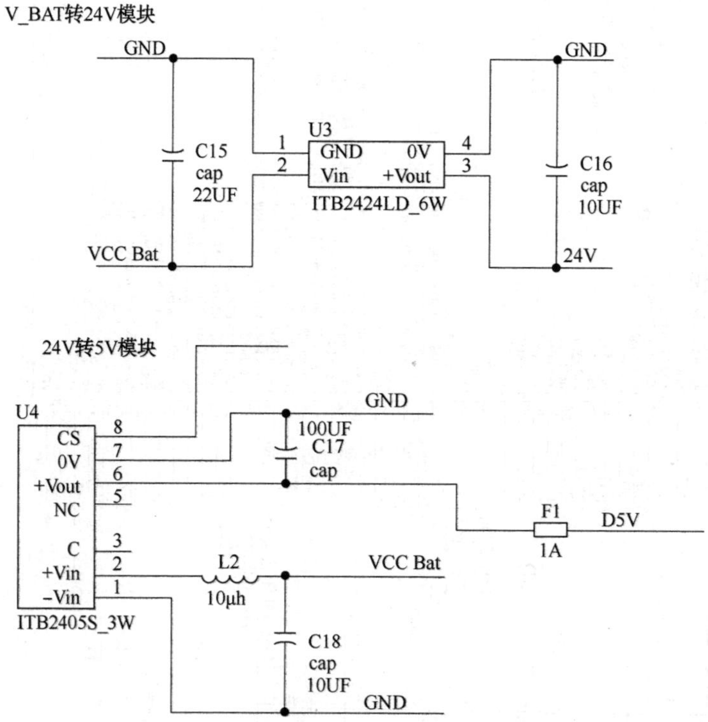

图 3-4　电源电路

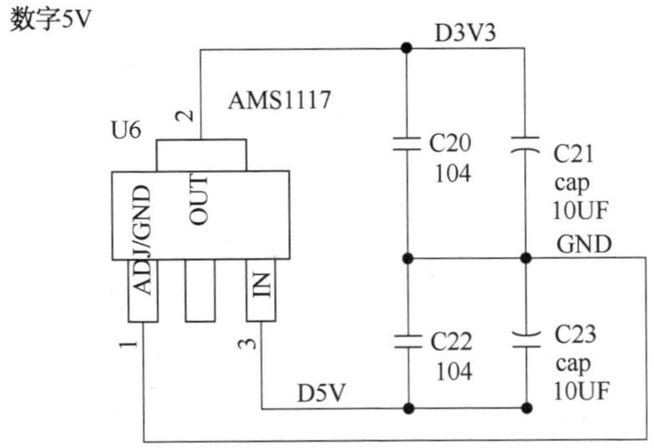

图 3-4 电源电路(续)

智能测温仪主控板具有如下特点:

① 主控板为四层电路板结构，装配密度高，体积小，布线方便；

② 电子元器件之间的连线短，信号传输速度高；

③ 对于高频信号传输电路，加入地线层，使信号线对地形成恒定的低阻抗，屏蔽效果好。

智能测温仪主控板的整体实物正、背面如图 3-5 所示。

3. 裂解炉炉管外表面温度计算模型

任何物质在绝对零度以上都能发出红外电磁辐射，其光谱辐射量是波长和温度的函数，即热力学温度为 T 的一般物体，其辐射及分布符合普朗克(Planck)辐射定律：

$$L_b(\lambda,\ T)=\frac{\varepsilon(\lambda)C_1}{\pi\lambda^5(e^{C_2/\lambda T}-1)} \tag{3-1}$$

式中：$L_b(\lambda,\ T)$为单色辐射亮度；λ 为波长；T 为热力学温度；$\varepsilon(\lambda)$为光谱发射率；$C_1=3.741832\times10^{-12}\text{W}\cdot\text{cm}^2$为第一辐射常数；$C_2=1.438786\times10^4\mu\text{m}\cdot\text{K}$为第二辐射常数。

在对裂解炉炉管外表面温度测量过程中，设裂解炉炉管表面发射率为 ε，因其为不透明材料，故其表面反射率为 $1-\varepsilon$；设烟气的透射率为 τ，其反射率为零，故烟气发射率为 $1-\tau$。

则智能测温仪接收到的总辐射 S= 目标辐射+反射辐射+烟气辐射，即：

$$S=\tau\varepsilon S_0+\tau(1-\varepsilon)S_a+(1-\tau)S_{atm} \tag{3-2}$$

式中：S 为智能测温仪从炉管外表面接收到的总辐出度；S_0 为炉管外表面温

(a)智能测温仪主控板实物正面

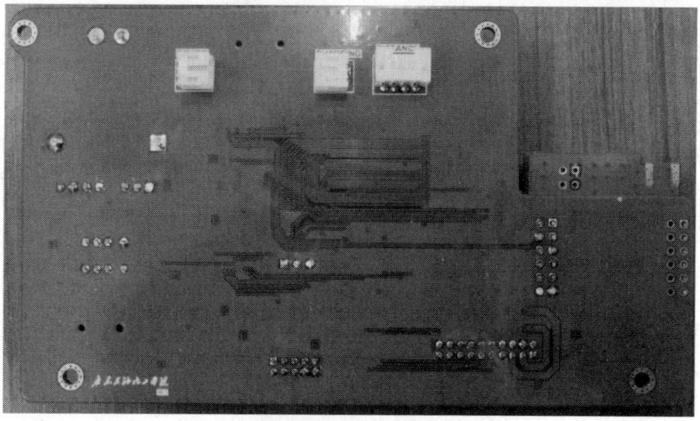

(b)智能测温仪主控板实物背面

图 3-5　智能测温仪主控板的整体实物

度下智能测温仪接收到的辐出度；S_a 为炉膛内墙温度下智能测温仪接收到的辐出度；S_{atm} 为炉膛内烟气温度下智能测温仪接收到的辐出度。

利用智能测温仪的仪器系数 C，可将上述的辐射关系转换为热值关系，即：

$$I_0=CS_0,\ 则\ I_0'=\tau\varepsilon I_0+\tau(1-\varepsilon)I_a+(1-\tau)I_{atm} \tag{3-3}$$

式中：I_0'为智能测温仪测量的炉管热值；I_0 为炉管外表面温度下被标定的热值；I_a 为炉膛内墙温度下被标定的热值；I_{atm}为炉膛内烟气温度下被标定的热值。

由式(3-3)可得炉管外表面温度下标定的热值为：

$$I_0=\frac{I_0'+\tau(1-\varepsilon)I_a+(1-\tau)I_{atm}}{\tau\varepsilon} \tag{3-4}$$

则被标定的热值与相对应的温度关系为：

$$I=\frac{R}{Fe^{B/T}-1} \tag{3-5}$$

式中：I 为温度 T 下被标定的热值；T 为热力学温度；R、B、F 为依赖于光圈、滤光镜和扫描器类型的标定常数。

另外，式中的气体透射率为：

$$\tau=e^{-a(\sqrt{d}-1)} \tag{3-6}$$

式中：a 为衰减系数，短波扫描器取 0.046；d 为从探测器到被测目标的距离。

4.“以局部点带面”测温方法可行性分析

在石油化工生产过程中，常用石油分馏产品作原料，采用比裂化更高的温度，使具有长链分子的烃断裂成各种短链的气态烃和少量液态烃，以生成乙烯和其他烯烃的复杂混合有机化工原料，工业上把这种方法叫作裂解法。依据热力学和动力学原理，在用热裂解法获得乙烯的过程中尽可能控制较高且稳定的裂解温度，有利于生成乙烯而不利于生成焦炭。

在乙烯裂解过程中，炉管出口裂解气温度(COT)的稳定是标示乙烯收率、生产能耗高低的一项重要指标。COT 的稳定控制可以保证裂解原料的裂解深度，减少能耗和物耗，从而提高乙烯产量和生产效益。

燃料气流量控制系统控制燃料气压力和流量的平稳以及燃料气侧壁/底部热量分配的均衡，是裂解炉能够保证 COT 长期稳定的基础。经分析 COT 测量值与平均 COT 温度均控制在 3℃范围内，如图 3-6 所示，这也充分说明乙烯生产过程中 COT 的稳定性。

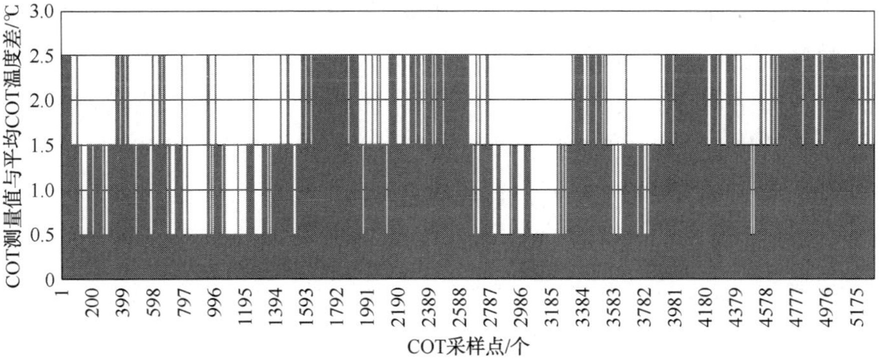

图 3-6　实测 COT 与平均 COT 的偏差

由于乙烯裂解炉炉管长期处于高温火焰的烟气中，裂解炉炉管渗碳结焦的产生是不可避免的。结焦层的生成会导致裂解炉炉管内裂解原料气通过传导得到的热量减少，从而直接导致 COT 发生变化。为了保证乙烯产品的质量，在 COT 发生改变的情况下，裂解炉燃料气流量控制系统会自动进行反馈调节，对传热系数降低的裂解炉炉管进行温度补偿，从而提升裂解炉炉管外表面温度。可见，这是一个链式的调节机制和过程，是一个由点到面的整体性反应，燃料气流量改变带动的炉内温度场的变化绝不是以点为范围内的局部变化，它会以面为范围整体影响到裂解炉炉管整体外表面温度。通过实际裂解炉炉管外表面温度的测量，这一推论也得到了验证。如图 3-7 所示，在不同时间段内连续对不同位置的外表面温度进行测量，经分析，发现变化趋势几乎是一致的。

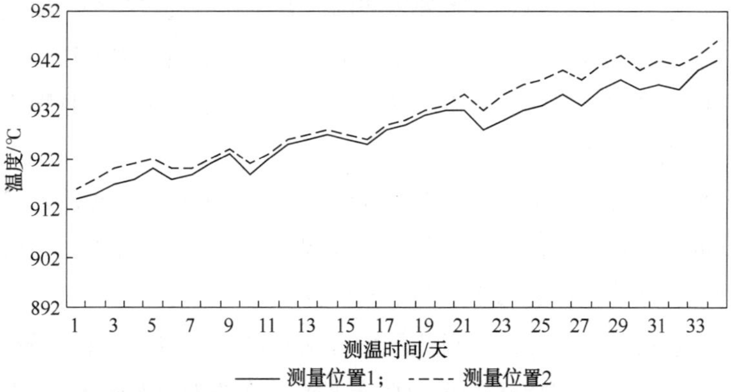

图 3-7　某石油化工公司不同时间段 1#裂解 6#炉 11#管两个不同位置的外表面温度变化趋势

综上所述，研发的智能测温仪所采用的“以点带面”裂解炉炉管外表面测温方式，尽管所测的温度是炉管外表面约 20 个点的局部温度，但由于裂解炉燃料控制系统为确保 COT 相对稳定，所测炉管局部点的变化趋势，能代表炉管其他部位的变化趋势，其理论性充足，符合实际生产的技术要求。

5. 基于激光同步测距的温度甄别方法

测温仪在现场采集的温度可能是炉管外壁温度，也可能是炉膛内壁温度。由于这两种温度比较接近，尤其是当炉管结焦较严重时，两种温差更小，识别非常困难。为了甄别炉膛内壁温度和炉管外表面温度，提出基于激光同步测距的温度甄别方法，即测温仪不仅内置红外测温模块，还内置激光测距模块。测温仪通过测温模块测温时，也通过测距模块同步测量同一目标的距离，然后根据目标的距离特征逻辑区分所测温度为炉管外壁温度还是炉膛内壁温度。为确保两种模块同步测量，即温度和距离为同一目标，温度测量模块和距离测量模块需进行垂直对焦和水平对焦，使两者的测量焦点完全重合，具体方案为红外测温传感器安装于激光测距传感器正下方，如图 3-8、图 3-9 所示，并对红外测温传感器的红外光焦点和激光测距传感器的激光焦点进行对焦。

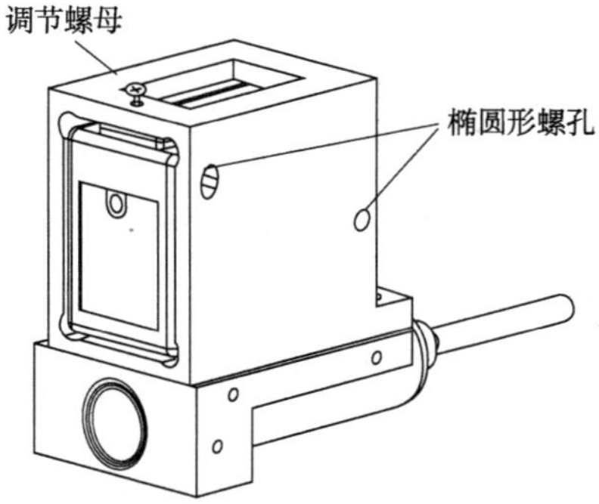

图 3-8　激光测距模块与红外测温模块安装示意(正面)

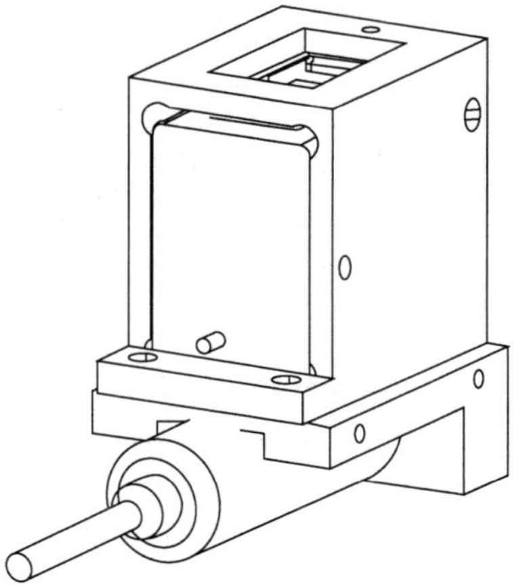

图 3-9　激光测距模块与红外测温模块安装示意(背面)

垂直对焦：固定红外测温传感器的红外光焦点，利用支架的椭圆形螺孔，调整激光测距传感器的水平位置，使其红外光焦点与激光测距传感器的激光焦点处于同一垂直线上。

水平对焦：固定红外测温传感器的红外光焦点，转动激光测距传感器顶部的激光测距传感器调节螺母，调整激光测距传感器的垂直位置，使其激光焦点与红外测温传感器的红外光焦点重叠于同一位置。

6. 基于高斯混合模型的离群点检测算法

智能测温仪在温度和距离同步测量过程中，采集的原始数据偶尔会夹杂异常离群点，这通常是由于裂解过程中炉膛内高温烟雾、裂解炉振动等恶劣环境因素导致的。离群点检测和过滤可以识别错误并消除对数据集的污染影响，从而净化数据，是数据挖掘技术中一项基本且十分重要的任务。虽然目前已经有相当多的离群点检测算法，但由于“维度灾难”现象的出现，当在高维度多种类数据集场景下，很多已有离群点检测算法将不再有效。针对此问题，基于高斯混合模型提出了一种新的离群点检测算法，并应用于乙烯裂解炉炉管外表面温度监测。该算法继承了期望最大化(Expectation Maximization，EM)算法全局优化和快速收敛以及高斯混合模型有效应对多分类问题的优点，可以有效应对高维度多种类数据集下的离群点检测任务。

基于高斯混合模型的离群点检测算法的数据处理流程如图 3-10 所示。

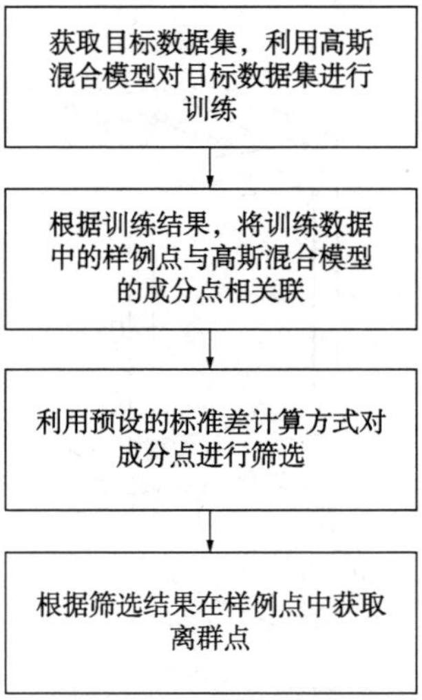

图 3-10　数据处理流程

概率模型不单含有观测变量还含有隐变量。假设概率模型的变量都是观测变量，那么对于给定的数据，可以很容易地使用极大似然估计或者贝叶斯估计方法估计出模型的参数。但是，当模型含有隐变量时没有解析解，就不能简单地使用极大似然估计或贝叶斯估计方法进行求解。而 EM 算法就是求解含有隐变量的概率模型参数的一个有效方法。EM 算法是一种迭代式计算方法，用于求解包含隐变量的概率模型参数的极大似然估计，或极大后验概率估计。在每一次 EM 算法迭代中，算法都能够确保似然函数值提升，并且可以保证收敛到一个局部极大值。EM 算法并不能保证收敛到全局极大值点，所以在实际的工程应用中，通常的做法是选取几个不同的初值进行迭代，然后对各个初值迭代的结果加以比较，选择其中得到最大值时所估计出的模型参数。在 EM 算法的每次迭代中都由两步组成：E 步，求期望（Expectation）；M 步，求极大（Maximization）。具体来说，EM 算法步骤如下：

① 输入观测变量数据 Y，隐变量数据 Z，联合分布 $P(Y, Z|\theta)$，条件分布 $P(Z|Y, \theta)$；选择参数的初始值 $\theta^{(0)}$，开始迭代。

② E 步：记 $\theta^{(i)}$ 为第 i 次迭代参数 θ 的估计值，在第 $i+1$ 次迭代的 E 步，计算：

$$Q(\theta, \theta^{(i)}) = E_Z[\lg P(Y, Z|\theta)|Y, \theta^{(i)}] = \sum_Z \lg P(Y, Z|\theta)P(Z|Y, \theta^{(i)}) \tag{3-7}$$

其中，$P(Z|Y, \theta^{(i)})$ 是在给定的观测变量数据 Y 和当前的参数估计 $\theta^{(i)}$ 下隐变量数据 Z 的条件概率分布。

③ M 步：求使 $Q(\theta, \theta^{(i)})$ 极大化的 θ，确定第 $i+1$ 次迭代的参数的估计值 $\theta^{(i+1)}$。

$$\theta^{(i+1)} = \arg\max_{\theta} Q(\theta, \theta^{(i)}) \tag{3-8}$$

④ 重复上述第②步和第③步，直至收敛。

以下再对高斯混合模型进行说明，高斯分布的定义为：假设 n 维样本空间 Ω 中的随机向量 x，若 x 服从高斯分布，其概率密度函数为：

$$p(x) = \frac{1}{(2\pi)^{\frac{n}{2}}|\Sigma|^{\frac{1}{2}}} e^{-\frac{1}{2}(x-\mu)^{T}\Sigma^{-1}(x-\mu)} \tag{3-9}$$

其中，μ 是 n 维均值向量；Σ 是 $n\times n$ 的协方差矩阵。由概率密度函数可得，高斯分布由均值向量 μ 和协方差矩阵 Σ 这两个参数完全确定。为了明确显示高斯分布与相应参数的依赖关系，将概率密度函数记为 $p(x|\mu, \Sigma)$，则高斯混合模型是指具有如下形式的概率分布模型：

$$p_M(x) = \sum_{i=1}^{k} \alpha_i \cdot p(x|\mu_i, \Sigma_i) \tag{3-10}$$

其中，k 表示该分布共由 k 个成分点混合组成，每个成分点对应着一个高斯分布；α_i 为相应的每个成分点的“混合系数”(Mixture Coefficient，MC)，表示为选择第 i 个成分点的概率，所以有 $\alpha_i>0$，$\sum_{i=1}^{k}\alpha_i=1$；μ_i 和 Σ_i 是第 i 个成分点的高斯分布的参数。

假设观测数据训练集 $D=\{x^{(1)}, x^{(2)}, x^{(3)}, \cdots, x^{(m)}\}$ 是由高斯混合分布生成，令随机变量 $z_j \in \{1, 2, \cdots, k\}$ 表示生成样本 x_j 的高斯混合模型的成分点，其取值未知。根据高斯混合模型，显然 z_j 的先验概率 $P(z_j=i)$ 对应于 $\alpha_i(i=1, 2, \cdots, k)$。根据贝叶斯定理，可以得到 z_j 的后验概率公式(第一公式)如下：

$$p_{\mathrm{M}}(z_j=i \mid x_j)=\frac{P(z_j=i)\cdot p_{\mathrm{M}}(x_j \mid z_j=i)}{p_{\mathrm{M}}(x_j)}=\frac{\alpha_i \cdot p(x_j \mid \mu_i, \Sigma_i)}{\sum_{l=1}^{k}\alpha_l \cdot p(x_j \mid \mu_l, \Sigma_l)} \tag{3-11}$$

其中 z_j 的后验概率分布给出的是样本 x_j 由第 i 个高斯混合模型的成分点生成的后验概率。为后续方便描述将其记作 $\gamma_{ji}(i=1, 2, \cdots, k)$。$\gamma_{ji}$是一个 0~1 隐随机变量，取 1 时表示第 j 个样本 x_j 来自第 i 个高斯混合模型的成分点的分模型，否则其值取为 0。

高斯混合模型的核心任务就是估计出模型的参数$\{(\alpha_i, \mu_i, \Sigma_i) \mid 1\leqslant i\leqslant k\}$。因此，训练样本集的最大化似然函数为：

$$L(D)=\ln\left(\prod_{j=1}^{m}p_{\mathrm{M}}(x_j)\right)=\sum_{j=1}^{m}\ln\left(\sum_{i=1}^{k}\alpha_i \cdot p(x_j \mid \mu_i, \Sigma_i)\right) \tag{3-12}$$

再将最大化似然函数分别对 α_i，μ_i，Σ_i 求偏导数令其为 0，联立后验概率公式可得第二公式：

$$\begin{cases}\mu_i=\dfrac{\sum_{j=1}^{m}\gamma_{ji}x_j}{\sum_{j=1}^{m}\gamma_{ji}} \\ \Sigma_i=\dfrac{\sum_{j=1}^{m}\gamma_{ji}(x_j-\mu_i)(x_j-\mu_i)^{\mathrm{T}}}{\sum_{j=1}^{m}\gamma_{ji}} \\ \alpha_i=\dfrac{1}{m}\sum_{j=1}^{m}\gamma_{ji}\end{cases} \tag{3-13}$$

由推导结果以及 EM 算法，得出高斯混合模型参数估计的主要步骤：

⑤ 初始化参数 α_i，μ_i，Σ_i，开始迭代。

⑥ E 步：根据当前参数，结合第一公式(后验概率)计算 x_j 由高斯混合模型的各个成分点生成的后验概率，即 γ_{ji}。

⑦ M 步：根据第二公式计算得出新一轮的迭代参数 α_{i+1}，μ_{i+1}，Σ_{i+1}。

⑧ 重复上述第⑥步和第⑦步直至收敛或者达到停止条件。

● 裂解炉炉管外表面温度数据集测试

根据专家经验，正常情况下乙烯裂解装置炉管外表面温度数据会在小范围内浮动，当炉管出现结焦故障时，将导致温度异常(大幅升高)，所以检测此数据集的离群点就可以分析炉管是否有结焦等故障发生。原始采集数据共有 33778 条数据，其中 4 条为离群点数据。图 3-11(a)表示原始数据的可视化结果，图 3-11(b)为所提的离群点检测算法之后检测的结果。

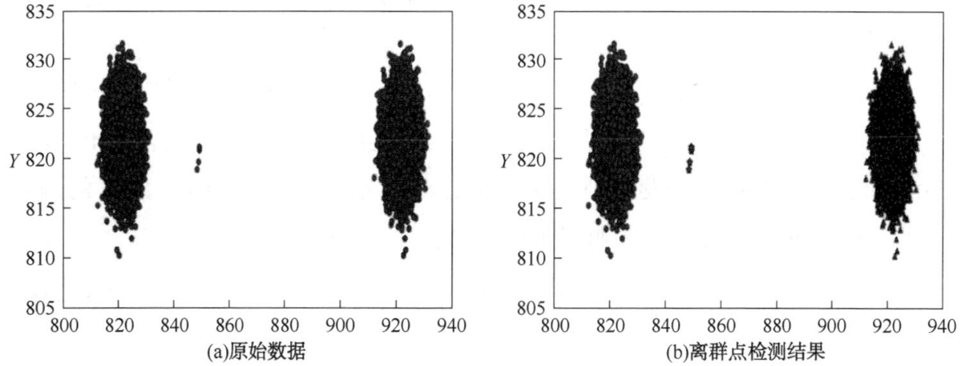

图 3-11　测试结果

从图 3-11 可以看出，在原始数据应用所提算法后，原始数据被分成了两个簇(圆圈标记部分和三角形标记部分)，其中一簇为炉管的进口温度，另一簇为炉管的出口温度，4 个离群点(五角星标记)能够被完全检测出来。

7. 基于负相关搜索算法的深度卷积神经网络模型压缩技术

针对深度卷积神经网络(DCNN)对存储空间及计算资源需求过大，从而限制了其在嵌入式“边缘”设备上应用的问题，提出了结合网络权重裁剪及面向嵌入式硬件平台数据类型的数据量化深度卷积神经网络压缩方法，以降低网络模型的冗余度和数据位宽需求。实际应用表明，该方法在保证网络精确率的前提下能有效地对深度卷积神经网络进行压缩。

神经网络模型可表示为 $W=\{W_{i,j}^{l} \mid W_{i,j}^{l}\neq 0,\ 1\leqslant l\leqslant L,\ 1\leqslant i\leqslant n^{l},\ 1\leqslant j\leqslant n^{l+1}\}$，其中 $W_{i,j}^{l}$ 为第 l 层第 i 个神经元与第 $l+1$ 层第 j 个神经元之间的连接。n^{l} 指的是第 l 层包含的神经元数目，n^{l+1} 指的是第 $l+1$ 层包含的神经元数目，$W_{i,j}^{l}=0$ 表示相应的连接不存在。

令 $f(W)$ 表示评估模型 W 准确率的评估函数，同时令 δ 表示用户指定的准确率损失容忍程度。对于模型 W，在 δ 的约束下寻找最优裁剪模型的任务可以表示如下：

$$W^{*}=\underset{W'\subseteq W}{\operatorname{argmin}}\,|W'|\quad s.t.\ f(W)-f(W')\leqslant\delta \tag{3-14}$$

式中：W' 是模型 W 的一个子集，同时也是一个裁剪后的模型；$|W'|$ 表示模型 W' 的大小而 W^{*} 表示满足准确率约束的条件下最小的模型，即最优裁剪模型。

在 LMP 算法中，裁剪结果由每层的裁剪阈值决定。模型 W 的第 l 层裁剪过程可形式化为：

$$MP(W,\ l,\ \varepsilon_{l})=\{W_{i,j}^{l} \mid |W_{i,j}^{l}|\geqslant\varepsilon_{l},\ 1\leqslant i\leqslant n^{l},\ 1\leqslant j\leqslant n^{l+1}\} \tag{3-15}$$

式中：$|W_{i,j}^{l}|$ 表示 $W_{i,j}^{l}$ 的绝对值；ε_{l} 表示第 l 层的裁剪阈值。通常 LMP 算法是由一个包含超参数的启发式函数 g 决定的。只考虑包含一个超参数 c_{l} 的函数 g，即 $\varepsilon_{l}=g(c_{l})$，则该 LMP 模型可形式化为：

$$LMP(W,\ c)=\bigcup_{l=1}^{L}MP(W,\ l,\ g(c_{l})) \tag{3-16}$$

其中向量 $c=(c_{1},\ c_{2},\ \cdots,\ c_{L})$。通过联立上式，超参数可表示为：

$$c^{*}=\underset{c\in R^{L},LMP(W,c)}{\operatorname{argmin}}\,|W'|\quad s.t.\ f(W)-f(W')\leqslant\delta \tag{3-17}$$

上式所代表的问题往往难以解决，因为它常常是非连续且不可微的。因此需要采用一个强有力的非梯度优化算法来优化。选择负相关搜索（Negatively Correlated Search，NCS）算法来求解该超参数。

NCS 算法是一种基于种群的启发式优化方法，它在诸多多模态优化问题上取得了很好的效果，同时在求解问题的过程中并不需要梯度信息。NCS 通过强化不同个体之间的负相关关系来增加解决方案之间的差异，并鼓励不同的个体去搜索解空间中的不同区域。

NCS 适应度函数选取如下：

$$
\begin{gathered}
fitness(c)=-eval(LMP(W,\ c)) \\
eval(W')=\begin{cases}\dfrac{|W\setminus W'|}{|W|}, & f(W)-f(W')\leqslant\delta \\ -\dfrac{f(W)-f(W')}{\delta}, & otherwise\end{cases}
\end{gathered}
\tag{3-18}
$$

8. 嵌入式深度卷积神经网络移植与裂解炉炉管重管识别方法

为了将训练压缩得到的 DCNN 模型移植到以 Cortex-M 为内核的嵌入式处理器，以实现智能测温仪的边缘计算功能，首先进行温度距离数据的格式转换，方法及步骤如下所述：

在温度距离同步测量过程中，智能测温仪采集的数据为一维数据。为校对测量数据，通常将测量得到的一维数据变换为二维形式的直方图，然后进行重管识别。测量得到的原始一维数据的直方图表现形式如图 3-12 所示。

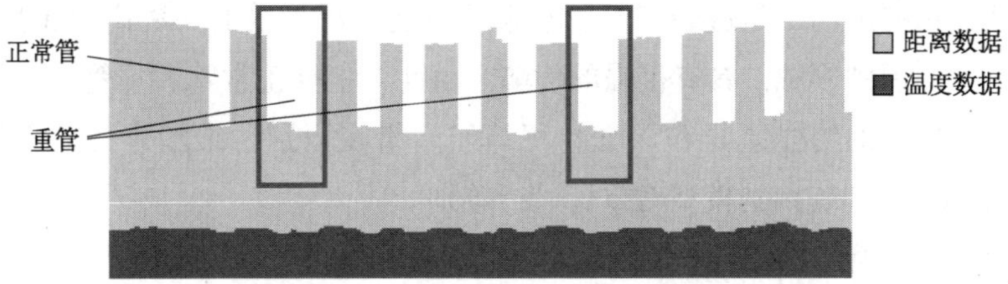

图 3-12　原始测量得到的原始一维数据的直方图

由图 3-12 可知，测温仪采集的数据中炉管和炉壁的温度数据差异性较小，区分程度困难，而炉管外壁和炉膛内壁的距离数据却存在着显著的差异，灰色数据区域凹陷部分即为测量到的炉管外壁距离。采取温度距离同步测量方式的原理为：由于测量得到的炉管温度和距离数据在原始数据中的位置是一一对应的，所以可以根据距离数据存在的特征，判断出每根炉管在距离原始数据中的起始位置，再由判断得到的起始位置映射到温度原始数据，即可达到区分炉管和炉壁温度的目的。但是，在乙烯生产过程中，常出现裂解炉炉管重管的情形。所谓重管是指在乙烯生产过程中，由于炉管移位，导致炉管互相遮挡，被遮挡的炉管通过观火孔只能被看到其中的一部分。最严重的重管是完全遮挡的情形，此时后一根炉管完全被前一根炉管遮住，如图 3-13 所示。因此，由直方图中的标识框可以发现这一问题，这导致很难区分和计算重管的炉管外表面温度。经验上，测温仪可采用测量点数法和相邻点距离跳变法进行重管识别，但存在识别率低，容易出现误判的情形，导致所测炉管外壁温度张冠李戴的严重后果。因此，在重管识别的问题中，亟需一种高准确率的识别算法准确甄别炉管的形态。

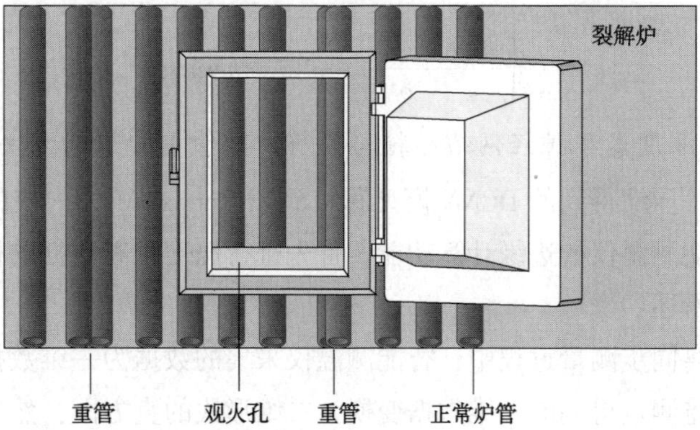

图 3-13　炉管重管示意

深度卷积神经网络是近些年发展起来并引起广泛重视的一种高效识别方法，尤其是在图像识别领域，具有很强的优势。由此，根据正常管和重管在二维数据表现中呈现出来的明显差异和深度卷积神经网络在识别二维图片特征方面的优势，采用 DCNN 训练判别模型对重管进行鉴别。

用于判断重管和非重管的 DCNN 如图 3-14 所示，由一个输入层、三个卷积层、两个池化层、一个全连接层和一个输出层构成。输入层用来输入正常管和重管的二维数据特征，输出层用于输出二维数据特征属于正常管和重管的概率。

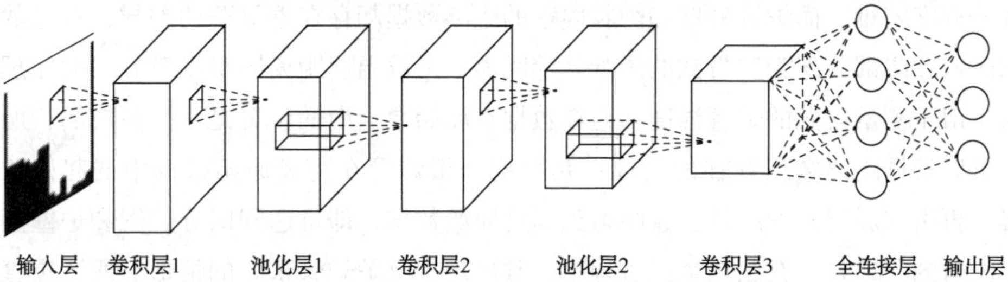

图 3-14　用于判断重管和非重管的深度卷积神经网络结构

在二维图中对炉管距离数据进行特征提取的过程中，先去除二维图中炉管和炉壁的温度数据，再去除二维图中炉壁的距离数据后，去除炉管距离数据中与重管特征相关度低的无效阈值数据，提取得到炉管的重管特征图[图 3-15(a)]和非重管特征图[图 3-15(b)]，由此构成 DCNN 网络模型训练的数据集。

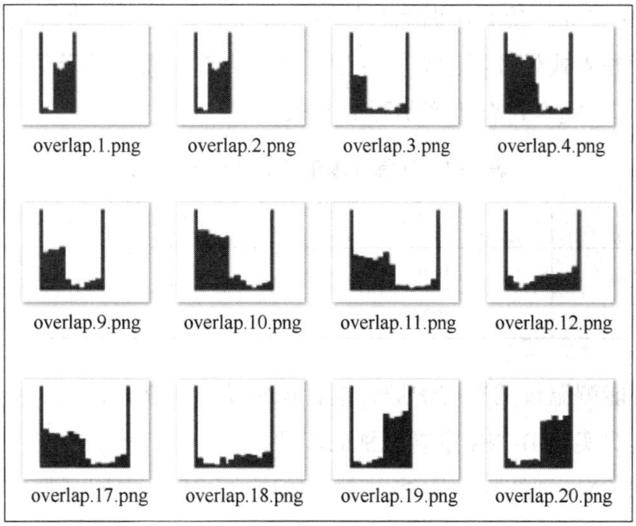

(a)重管特征

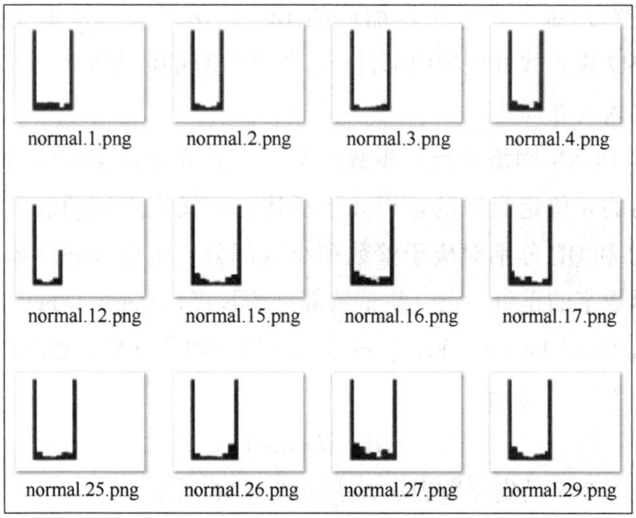

(b)非重管特征

图 3-15　炉管特征提取

炉管特征提取后，接着在 PC 端对 DCNN 重管识别模型进行训练和验证。用于模型训练和验证的训练集和测试集分别来源于某石油化工公司 1#裂解 H115 裂解炉同一运行周期内的不同时间段。该次 H115 裂解炉炉管运行周期为 73 天，其中训练样本集来源于运行周期的前 43 天，测试样本集来源于运行周期的后 30 天，训练样本集和测试样本集的组成如表 3-1 所示。模型训练后，经验证重管识别准确率为99.85%。接着对训练后的DCNN重管识别模型进行权值压缩和转换，生成可运行于嵌入式处理器的数据类型，然后再对模型进行验证，其重管识别准确率为99.70%，完全符合生产实际的要求。

表3-1 训练样本集和测试样本集组成

样本	非重管	重管	总计
训练样本	1456	608	2064
测试样本	1028	412	1440

为实现智能测温仪的裂解炉炉管重管识别功能，在以嵌入式处理器为核心的智能测温仪内部实现DCNN重管识别的步骤为：

步骤1：DCNN训练权值压缩、变换和移植。在云端服务器首先将用于识别正常管和重管的DCNN网络模型进行训练，其次将训练后的网络模型使用基于NCS的方法进行压缩，再次将压缩后的DCNN网络节点权重变换成为可以在ARM Cortex-M7嵌入式处理器内部进行存储和计算的数据类型，最后将转换后的权值植入该嵌入式处理器。

压缩后的DCNN网络节点权重数据类型转换为可以移植到ARM Cortex-M7嵌入式处理器的8位定点数的过程如下所述：广义定点数的表示形式为：[QI：QF]，其中QI和QF分别对应于整数和小数部分。定点数通常还包括一个符号位，用来表示数字的正负。定点数整数部分的长度(Integer Length，IL)、分数部分的长度(Fractional Length，FL)、符号位的长度和定点数位数的位宽(bit-width，B)的关系如式(3-19)所示。

$$B=FL+IL+1 \tag{3-19}$$

例如，位宽为8的定点数表示方法如图3-16所示。

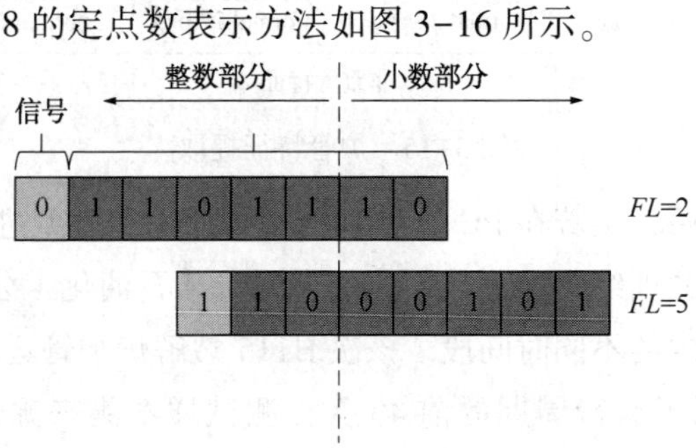

图3-16 8位定点数表示方法

在浮点数转换为定点数的过程中，我们遵循一个自动确定所需整数位数的特定规则。更具体地说，我们选择足够的位来避免饱和。因此，对于给定的一组数字 S，所需的整数部分长度由式(3-20)给出。

$$IL_S=\lceil \log_2(\max_S x+1)\rceil \tag{3-20}$$

式中$\lceil x\rceil$表示对 x 进行向上取整。

对于转换为指定位宽为 N 的定点数，整数部分长度 IL 的确定方式如式(3-21)所示：

$$IL=\begin{cases} IL_S & , IL_S<N-1 \\ N-1 & , IL_S\geqslant N-1 \end{cases} \tag{3-21}$$

即可计算出小数部分的长度为：

$$FL=N-IL-1 \tag{3-22}$$

这里我们定义定点数方式表示的最小正数，即为定点数的表示精度为 ε，其公式如下：

$$\varepsilon=2^{-FL} \tag{3-23}$$

因此，对于一个给定的浮点型数字，我们可以根据式(3-24)将其转换成指定位宽的近似值，便于接下来数值的定点化，转换公式为：

$$fixed(x)=\begin{cases} \lfloor x\rceil & ,\lfloor x\rceil\leqslant x\leqslant\lfloor x\rceil+\dfrac{\varepsilon}{2} \\ \lfloor x\rceil+\varepsilon & ,\lfloor x\rceil+\dfrac{\varepsilon}{2}<x\leqslant\lfloor x\rceil+\varepsilon \end{cases} \tag{3-24}$$

式中我们将$\lfloor x\rceil$定义为小于等于 x 的取值且是关于 ε 的最大整数倍。

对于给定位宽的定点数，数字近似的取值范围为：

$$\begin{cases} -2^{IL-1} & , x\leqslant-2^{IL-1} \\ 2^{IL-1}-2^{-FL} & , x\geqslant 2^{IL-1}-2^{-FL} \\ fixed(x) & , otherwise \end{cases} \tag{3-25}$$

原始数值近似化完毕之后，接下来实现近似值的定点化，定点化公式如下所示：

$$value=(-1)^s\cdot 2^{-FL}\cdot\sum_{i=0}^{B-2}2^i\cdot x^i \tag{3-26}$$

上式中 x 代表近似值的二进制补码形式。

定点化完成后，最后将定点化权重移植到嵌入式处理器内。

步骤 2：重构深度卷积神经网络。在嵌入式处理器内实现 DCNN 重构，并应用移植的压缩定点化权值进行网络计算，依赖于 ARM 公司提出的一种专门用在 Cortex-M CPU 上部署神经网络的优化软件内核 CMSIS-NN。CMSIS-NN 库包含两个部分：NNFunction 和 NNSupportFunctions。NNFunction 包含实现通常神经网络层类型的函数，比如卷积、全连接、池化(pooling)和激活函数，这些函数可以被应用程序代码用来实现神经网络推理应用；NNSupportFunctions 包括不同的实用函数，如数据转换和激活功能表函数，这些实用函数可以被应用程序代码用来构造更复杂的神经网络模块。

步骤 3：采集原始数据转换。将测温仪采集的原始一维数据转换成二维特征数据，输入嵌入式处理器重构的 DCNN 网络，结合压缩变换后的权值，即可实现 DCNN 用于鉴别正常管和重管的功能。将测温仪得到的一维炉管特征数据做维度变换得到二维数据，作为嵌入式 DCNN 的网络输入，维度变换的算法描述如算法 1，过程如图 3-17 所示。

算法 1　裂解炉管特征数据维度转换算法

```
Input：1-D furnace tube characteristic data array, X[ ]
Output：2-D furnace tube characteristic data array, Y[ ][ ]
1. For i = 0; i < 32; i++ do
2.    If  [i]≠ϕ  do
3.       Data_ corvert[i] = X[i]/ 10
4.    Else
5.       Data_ corvert[i] = 0
6.    End if
7.    For j = 31; j ≥ 0; j-- do
8.       If(Data_ corvert[i] ≥ 1)do
9.            Y[j][i] = 0
10.      Else if(Data_ corvert[i]> 0 and Data_ corvert[i]< 1)
11.           Y[j][i] =(1 - Data_ corvert[i]) * 255
12.      Else
```

```
            Y[j][i] = 255
        End if
        Data_ corvert[i] = Data_ corvert[i] - 1
    End for
End for
Obtain the 2-D furnace tube characteristic data
```

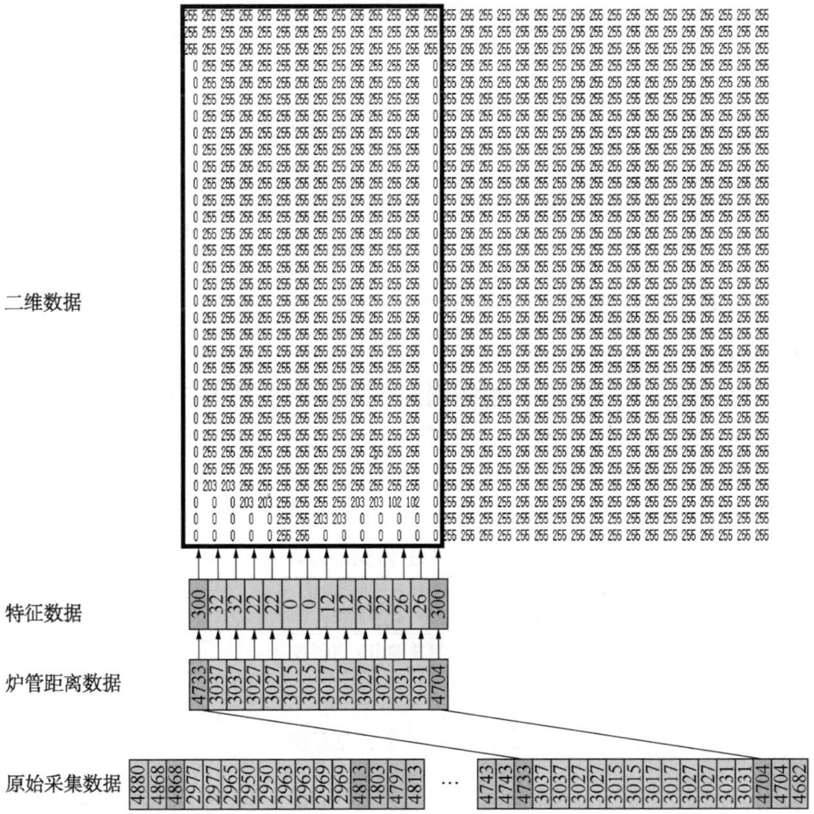

图 3-17　测温仪采集原始数据维度变换

嵌入式深度卷积神经网络的炉管重管识别方法流程如图 3-18 所示。

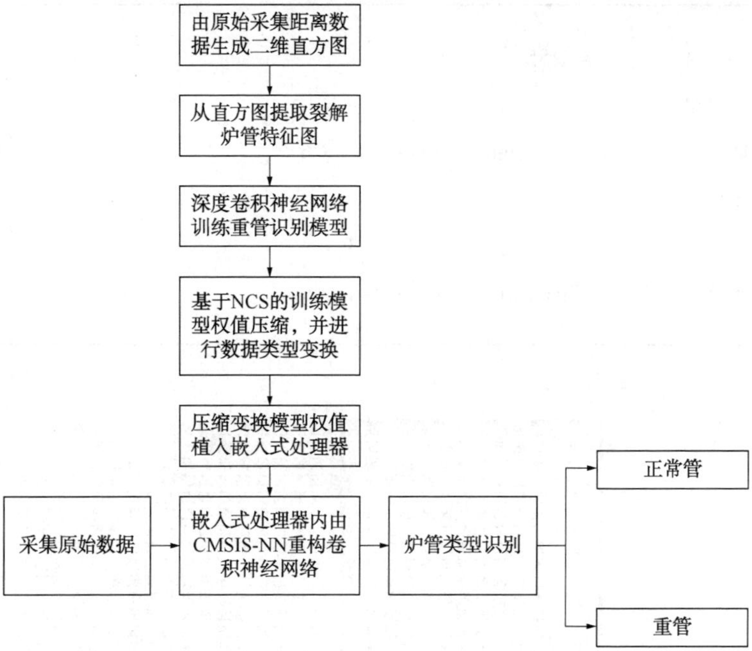

图 3-18　嵌入式深度卷积神经网络识别炉管重管方法流程

9. 基于 DBSCAN(基于密度的噪声应用空间聚类)算法的裂解炉炉管外表面温度计量方法

对于裂解炉的每个观火孔，智能测温仪宏观上按照图 3-19 流程进行裂解炉炉管外表面温度测量、计算操作。

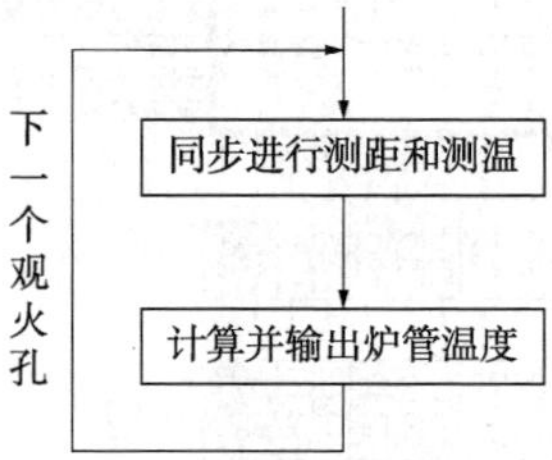

图 3-19　测温宏观流程

上图第二阶段炉管外表面温度的计量方法可进一步细化为图 3-20 的流程。

图 3-20 步骤 4 中，根据裂解炉及炉管共性特征以及裂解炉炉管实际排列，规定：编号为奇数的观火孔(即 1 号、3 号、5 号、7 号观火孔)，炉管识别的方向是从左到右；编号为偶数的观火孔(即 2 号、4 号、6 号、8 号观火孔)，炉管识别的方向是从右到左。

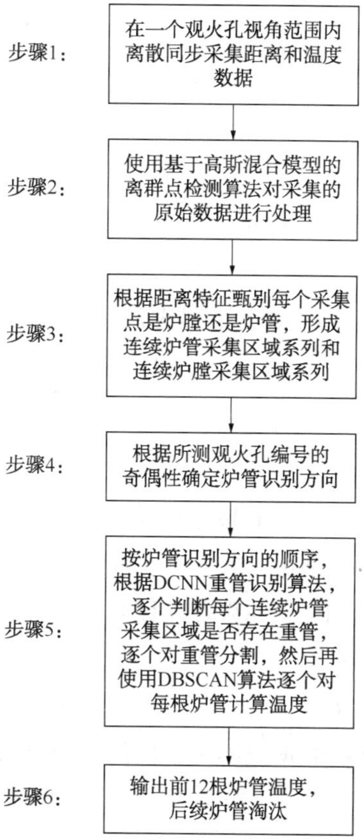

图 3-20 炉管外表面温度计量方法细化流程

图 3-20 步骤 5 中，重管是乙烯生产过程中，由于炉管移位，导致炉管互相遮挡，通过观火孔只能看到炉管的一部分。

步骤 5 中的用于炉管温度计算的 DBSCAN 算法具体实现方式如下所述：

DBSCAN 算法是一种基于密度的聚类算法，该算法将具有足够密度的区域划分为簇，并可以在具有噪声的数据集中发现任意形状的簇，簇的定义为密度相连的数据点的最大集合。DBSCAN 算法中的参数（*Eps*，*MinPts*）用来描述簇内样本分布的紧密程度，*Eps* 是聚类簇的半径，*MinPts* 是簇内最少点的数目。下面介绍 DBSCAN 算法的一些基本概念。

假设原始样本集为 $D=\{x_1, x_2, \cdots, x_m\}$，则 DBSCAN 算法具体的密度描述定义如下：

① Eps-邻域：对于 $x_j \in D$，其 Eps-邻域是指在其邻域半径 Eps 范围内数据点的集合，表示为 $Eps(x_j)$，$Eps(x_j)$的定义为：

$$Eps(x_j)=\{x_i \in D \mid distance(x_i,\ x_j) \leqslant Eps\} \tag{3-27}$$

② 核心对象：对于 $x_j \in D$，如果其 Eps-邻域对应的 $Eps(x_j)$至少包含 $MinPts$ 个数据点，即

$$|Eps(x_j)| \geqslant MinPts \tag{3-28}$$

则 x_j是核心对象。

③ 密度直达：对于 x_i，$x_j \in D$，如果满足以下条件

$$\begin{cases} x_i \in Eps(x_j) \\ |Eps(x_j)| \geqslant MinPts \end{cases} \tag{3-29}$$

则称 x_i到 x_j直接密度直达。

④ 密度可达：对于 x_i和 x_j，如果存在样本序列 p_1，p_2，…，p_n，满足 $p_1=x_i$，$p_n=x_j$ 且 p_{t+1}到 p_t密度直达，则称 x_j到 x_i密度可达。

⑤ 密度相连：对于 x_i和 x_j，如果存在核心对象样本 x_k，使 x_i和 x_j均由 x_k密度可达，则称 x_i和 x_j密度相连。

⑥ 噪声点：假设 C_1，C_2，…，C_k 为数据集 D 根据参数 Eps 和 $MinPts$ 产生的类簇，如果数据集 D 中某些数据点不属于任何一个类，就把这些数据点定义为噪声点，表示为：

$$noise=\{x_j \in D \mid \forall_i:\ x_j \notin C_i\},\ i=1,\ 2,\ \cdots,\ k \tag{3-30}$$

由此，我们提出的基于 DBSCAN 算法的裂解炉炉管外表面温度计算方法的具体表述为：

首先，假设裂解炉炉管温度数据集为 $D_T=\{a_1,\ a_2,\ \cdots,\ a_m\}$，通过分析 D_T 中温度数据点的特征，设置 DBSCAN 算法中的参数(Eps，$MinPts$)和数据集中数据点距离的计算方式。

其次，对于温度数据集中的数据点，按照以下步骤找出所有的核心对象：

① 通过选定的距离度量方式，找到数据点 a_i的 Eps-邻域子样本集$Eps(a_i)$。

② 如果数据点 a_i的 Eps-邻域子样本集中的数据点数目满足式(3-28)，则将数据点 a_i加入核心对象样本集合 Ω。

再次，在核心对象样本集合 Ω 中，随机选取一个未分类的核心对象 ω，找到 ω 能够密度可达的所有数据点构成的序列 S_T，然后由式(3-27)获取序列 S_T 的

Eps-邻域内所有的数据点集合 $C_T=\{b_1, b_2, \cdots, b_n\}$，即为炉管温度数据的聚类簇。

最后，根据得到的炉管温度数据的聚类簇 C_T，由式(3-31)即可得到当前裂解炉炉管的外表面温度最终结果。裂解炉炉管外表面温度计算方法描述如算法 2。

$$TMT=\frac{sum(b_1, b_2, \cdots, b_n)}{length(C_T)} \tag{3-31}$$

算法 2 基于 DBSCAN 算法的裂解炉炉管外表面温度计算方法

Input：Cracking furnace tube temperature data set，$D_T=\{a_1, a_2, \cdots, a_m\}$

Output：The temperature of the outer surface of the cracking furnace tube，TMT

1. Initialize core object collection $\Omega=\phi$
2. For $i \leqslant m$ do
3. Find the Eps-neighbor subsample set $Eps(a_i)$ of sample a_i by distance metric
4. If $|Eps(x_j)| \geqslant MinPts$ do
5. $\Omega=\Omega\cup\{a_i\}$
6. In the core object set Ω，randomly select a core object ω
7. Find the sequence S_T of all the data points that can make the ω density reachable
8. Obtain all the data point sets C_T in the Eps-neighbor of sequence S_T from equation(3-27)
9. Calculate the TMT by the following formula
10. $TMT=\dfrac{sum(b_1, b_2, \cdots, b_n)}{length(C_T)}$
11. Obtain the TMT

步骤 5、步骤 6 可进一步细化为图 3-21 流程。

以 H115 裂解炉随机提取的四根不同炉管作为实验对象，由基于 DBSCAN 算法聚类得到的每根炉管温度数据的聚类簇分别如图 3-22 所示，图中 $\varepsilon=Eps$。最终，根据聚类结果，按照式(3-31)计算四根炉管的外表面温度值，计算结果分别为：923℃、924℃、905℃和 1086℃。

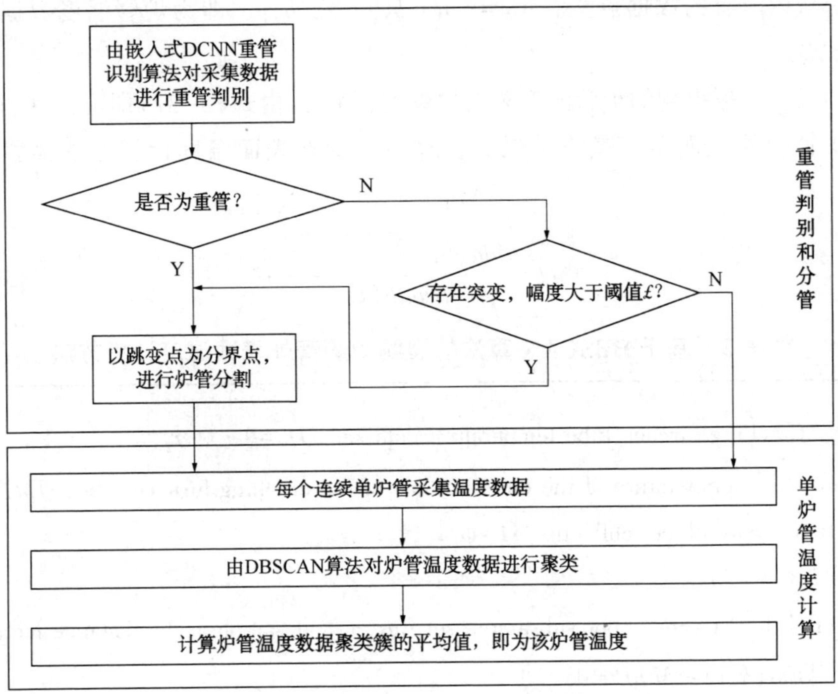

图 3-21　步骤 5 和步骤 6 细化流程

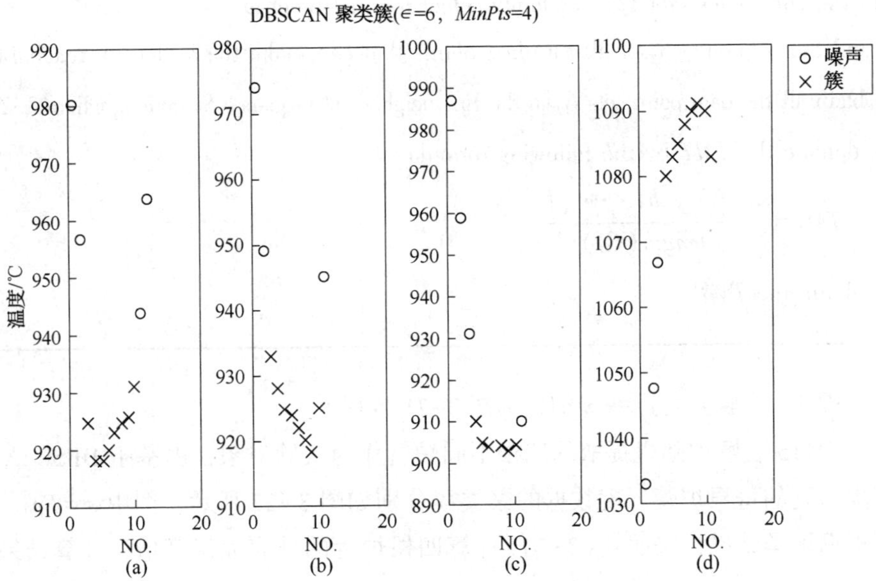

图 3-22　炉管温度数据的聚类簇

为验证 DBSCAN 算法的优越性，选取了传统的基于点数计量的炉管外表面温度计算方法与 DBSCAN 算法做了对比性试验，试验对象选取于 H115 号裂解炉的 3 号观测窗口观测到的 12 根炉管的温度数据，采集数据的时间段为 7 天。由两种方法计算得到的炉管温度结果的变化曲线对比如图 3-23 所示。图 3-23(a)为基于 DBSCAN 算法计算得到的炉管温度变化曲线，图 3-23(b)为传统的基于点数计量的炉管外表面温度计算方法得到的炉管温度变化曲线。由对比结果可知，基于 DBSCAN 算法的炉管温度计算方法相对于点数计量方法，计算结果的变化趋势更加平稳，符合实际生产的状况，计算准确度更高。

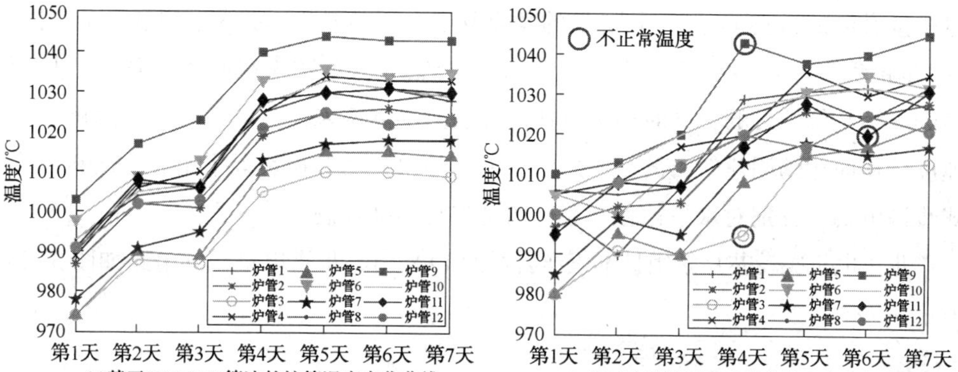

(a)基于DBSCAN算法的炉管温度变化曲线　(b)基于点数计量方法的炉管温度变化曲线

图 3-23　炉管温度计算结果的变化趋势

3.1.2　驱动台的关键技术

1. 驱动台的系统结构

驱动台的内部组成主要有 35 步进电机、旋转平台、光电传感器、霍尔传感器和精密转台。35 步进电机用于水平方向驱动智能测温仪和驱动台在导轨上行驶；精密转台用于承载智能测温仪在驱动台上 0～180°旋转；光电、霍尔传感器用于检测智能测温仪是否行驶至指定位置。

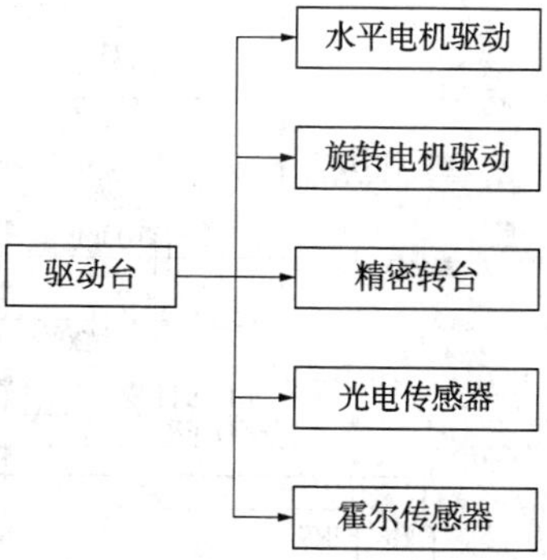

图 3-24　驱动台的系统结构

驱动台的系统结构如图 3-24 所示。

2. 驱动台的电机驱动板设计方案

一般而言，用于角度旋转控制的电动机可选用直流伺服电机、步进电机、同步电机。根据选用电机的不同，驱动电路及控制电路的设计也不一样。就裂解炉炉管测温而言，在一次温度扫描过程中需要稳定测量得到足够多的采样点，对测温平台偏移角度的精确性有较高要求，因此选用步进电机作为角位移旋转执行器。

步进电机是将电脉冲信号转变为角位移或线位移的开环控制元件，它的工作原理是利用电子电路，将直流电转变成分时供电、多相时序控制的电流，再用这种电流为步进电机供电，而步进驱动器则是为步进电机分时供电的多相时序控制器。在非超载的情况下，电机的转速、停止的位置只取决于脉冲信号的频率和脉冲数，而不受负载变化的影响。当步进驱动器接收到一个脉冲信号时，驱动步进电机按设定的方向转动一个固定的角度称为“步距角”，步进电机再以此固定的“步距角”一步一步旋转。因此可以通过控制脉冲个数来控制角位移量，从而达到准确定位的目的，同时还可以通过控制脉冲频率来控制电机转动的速度和加速度，从而达到调速的目的。研发的智能测温仪自动扫描装置采用 2 个两相混合式步进电机，分别对水平位移和旋转角度进行精准控制。

步进电机驱动芯片采用日本三洋公司的 LV8731，步进电机驱动电路如图 3-25 所示。

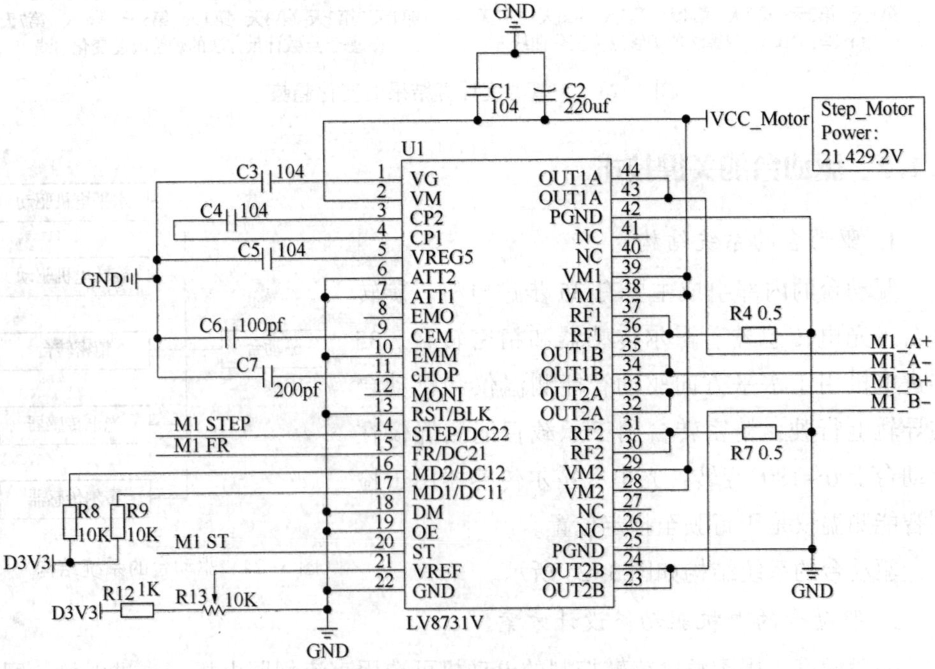

图 3-25　步进电机驱动电路

步进电机驱动板的整体实物正、背面如图 3-26 所示。

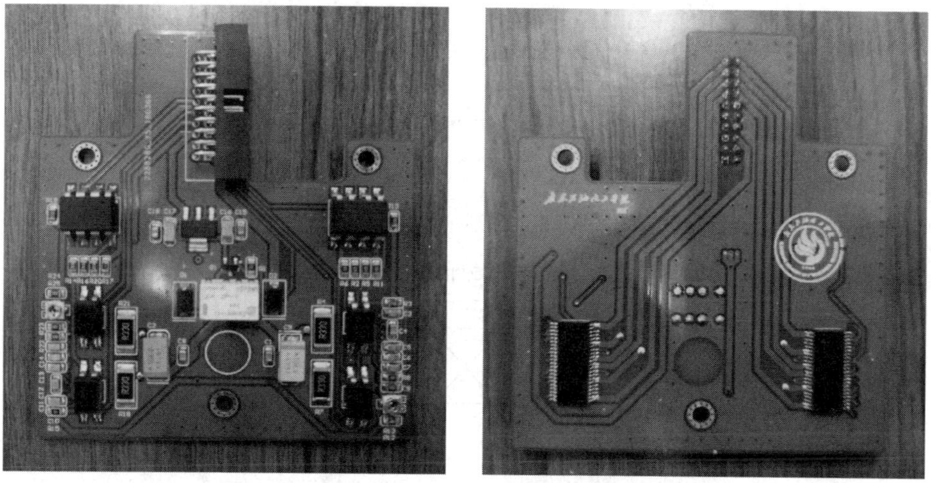

(a)正面　　(b)背面

图 3-26　步进电机驱动板整体实物

3. 水平电机和旋转电机双相同步方法计算模型

要使智能测温仪满足同步运动要求，需要获得水平电机速度和旋转电机角速度的运动关系。

如图 3-27 所示，设轨道离管道平面的距离为 H_1，轨道与窗口距离为 H_2，窗口深度为 H_3，扫描角度为 θ。

根据所测数据，以观火孔中心为圆心，智能测温仪的扫描半径 R 为：

$$R=(H_1-H_2-H_3/2)\cos(\theta/2) \tag{3-32}$$

给定水平电机向左速度 V_1，以管道平面为参考系，要使智能测温仪打出的光斑静止，则要给旋转电机一定的旋转速度 V_2，V_1、V_2的关系为：

$$V_1=V_2\cos(\theta/2) \tag{3-33}$$

为了使扫描过程中光斑能够在管道平面上匀速移动，则在 V_2满足光斑静止的情况下叠加光斑的运动速度 V_3，分析可知 V_1、V_3的关系为：

$$H_2\tan(\theta/2)\times2/V_1=R\sin(\theta/2)\times2/V_3 \tag{3-34}$$

简化式(3-34)，可得：

$$V_3=R\cos(\theta/2)V_1/H_2 \tag{3-35}$$

结合式(3-33)、式(3-35)，求得旋转电机角速度 ω：

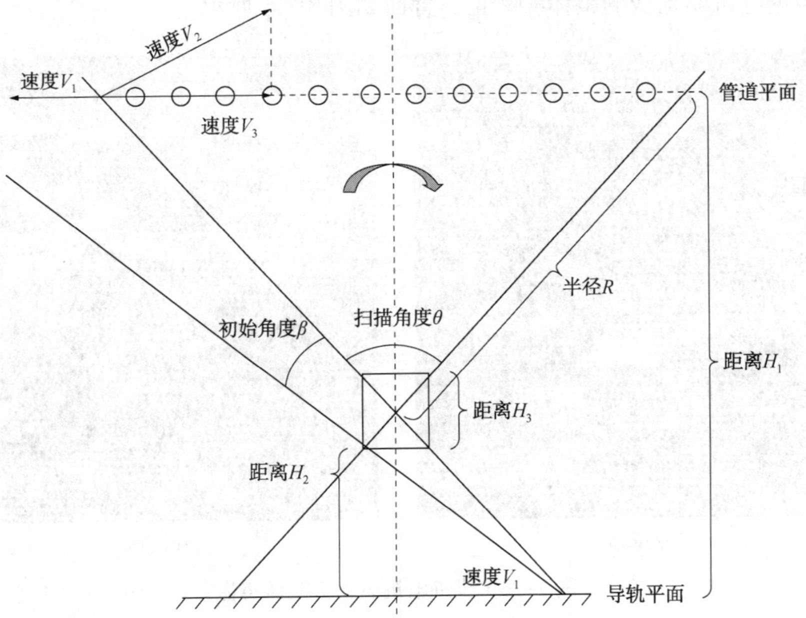

图 3-27　双相同步计算模型

$$\omega=[R\cos(\theta/2)V_1/H_2+V_1]/[\cos(\theta/2)R] \tag{3-36}$$

由于驱动台由步进电机驱动，所以在求得旋转电机角速度 ω 的情况下，根据电机驱动模块设置具体的细分数，便可把相应的速度和角速度转化为驱动电机所需的脉冲数。

4. 水平电机和旋转电机双相同步扫描具体步骤

步骤 1：通过水平电机驱动智能测温仪向左运动，直至霍尔传感器找到磁铁（霍尔传感器和磁铁在同一竖轴），并以此时位置为参考点，如图 3-28 所示。

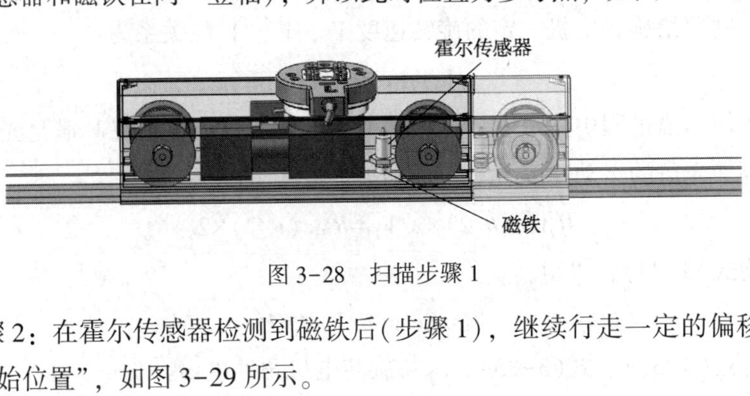

图 3-28　扫描步骤 1

步骤 2：在霍尔传感器检测到磁铁后（步骤 1），继续行走一定的偏移距离 S，达到“初始位置”，如图 3-29 所示。

图 3-29 扫描步骤 2

步骤 3：旋转电机向左旋转，直至挡片挡住光电传感器，以此角度为参考点，初始化此时旋转角度为 0°，如图 3-30 所示。

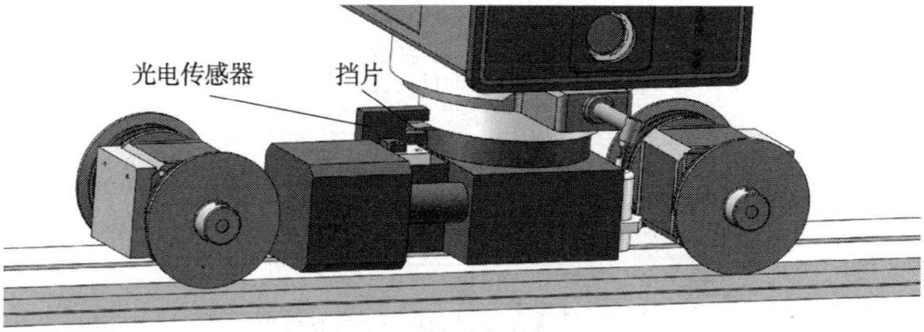

图 3-30 扫描步骤 3

步骤 4：从 0°起，旋转电机向右旋转至预先测好的初始角度 β，如图 3-31 所示。

图 3-31 扫描步骤 4

步骤 5：等待横向偏移距离 S 和初始角度 β 执行完毕，进入窗口扫描过程。

5. 智能测温仪测温流程

驱动台使用图 3-32 所示的流程图，实现智能测温仪的双相同步驱动，完成所有观火孔对应炉管的同步测距和测温。

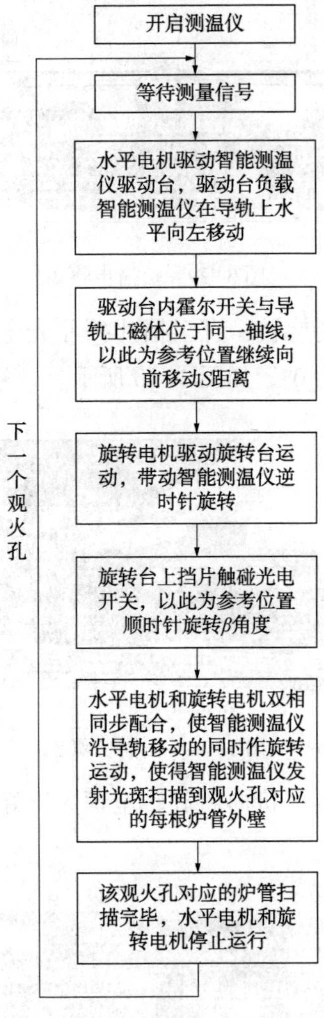

图 3-32　智能测温仪测温流程

6. 智能测温仪初始位置和角度优化方法

图 3-33 中智能测温仪理想的初始位置 S 值和初始角度 β 值能使智能测温仪获得观火孔最大的测温范围(夹角)，如图中 x_0 所示。但是，智能测温仪实际使用中 S 和 β 值都是根据经验设定的，是静态不变的常量，再加上乙烯生产中裂解炉常伴有微小振动，测温环境多变、复杂，实际测量时理想的初始位置和角度与智能测温仪所设定的 S 和 β 值会有偏差，使得智能测温仪有效测量角度往往变小(图 3-33 中 x_1 和 x_2)，导致部分炉管测量不到。因此，智能测温仪在初始化初始

位置 S 和角度 β 后，在同步双相测距和测温前，必须再对初始位置和角度进行微调优化，使得测距测温的测量范围最大化。

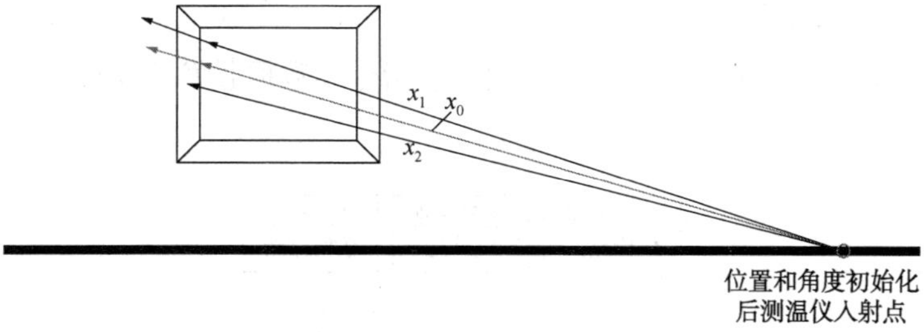

图 3-33 智能测温仪初始位置和初始角度偏离理想值示意

智能测温仪初始位置和角度优化流程如图 3-34 所示。

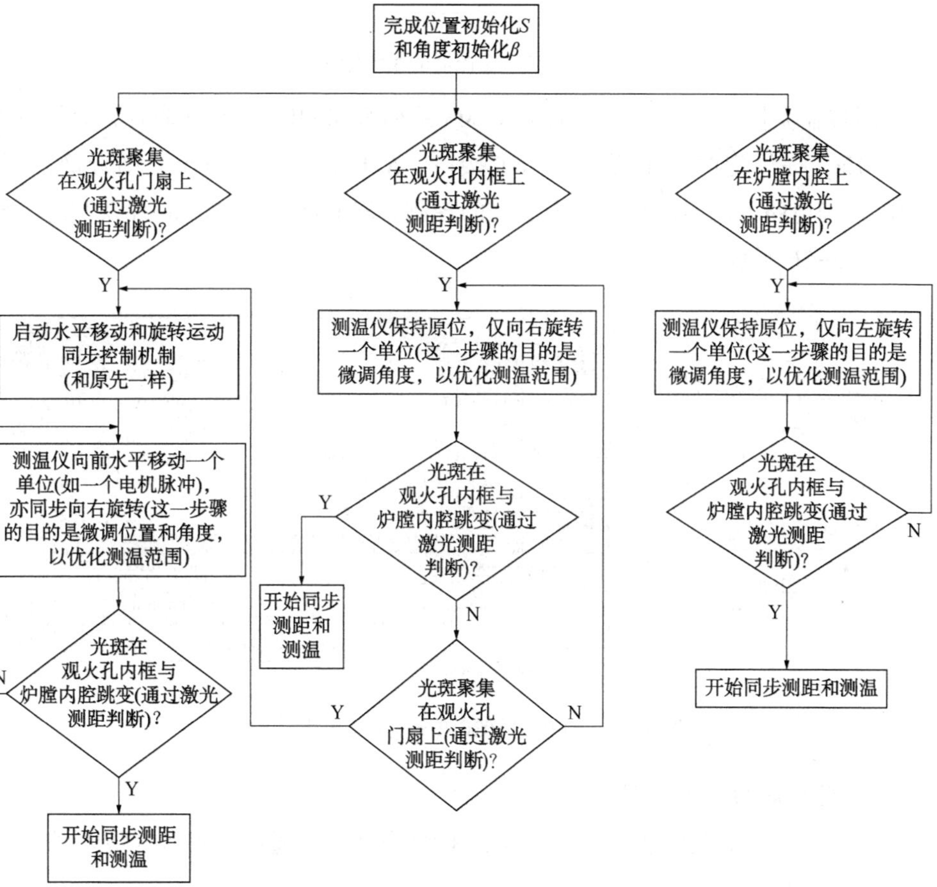

图 3-34 智能测温仪初始位置和初始角度优化流程

3.1.3 遥控器的关键技术

1. 遥控器的系统结构

遥控器主要具有屏幕显示、按键扫描、指令和数据收发等功能，其系统结构如图 3-35 所示。

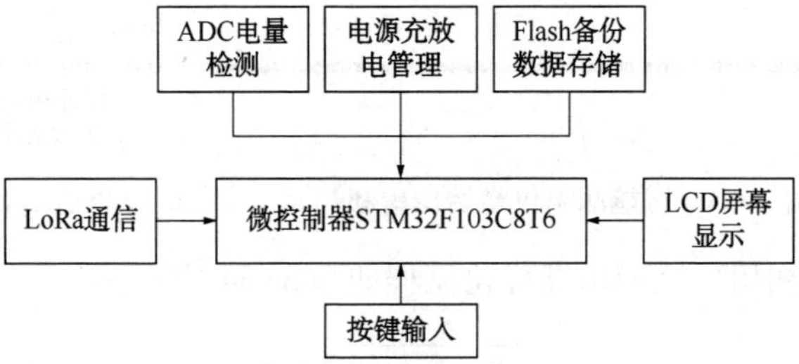

图 3-35 遥控器的系统结构

遥控器微控制器采用 ARM Cortex-M3 系列 STM32F103C8T6 芯片，时钟频率为 8MHz，提供定时器中断、USART 接口、A/D 转换器等资源，结合液晶屏、LoRa 通信电路等能实现对智能测温仪的控制。STM32F103C8T6 芯片及其外围电路如图 3-36 所示。

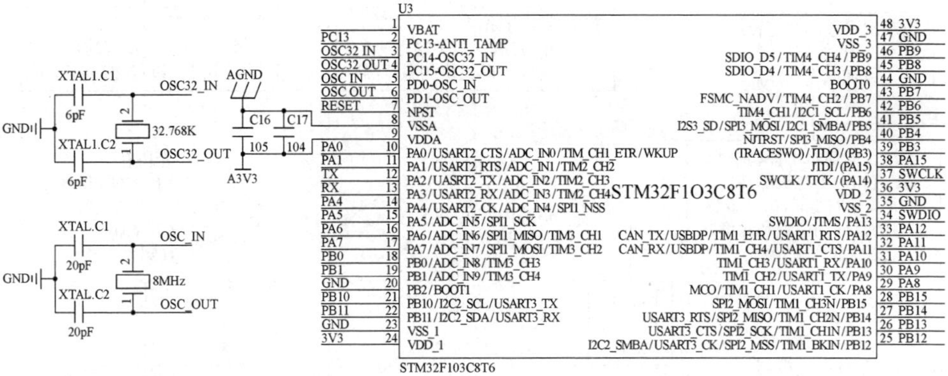

图 3-36 STM32F103C8T6 芯片及其外围电路

2. 遥控器的单元电路设计方案

遥控器与智能测温仪采用串口转 LoRa 的方式进行通信，通信电路如图 3-37 所示。本遥控器选用的 LoRa 模块型号为 S34S。

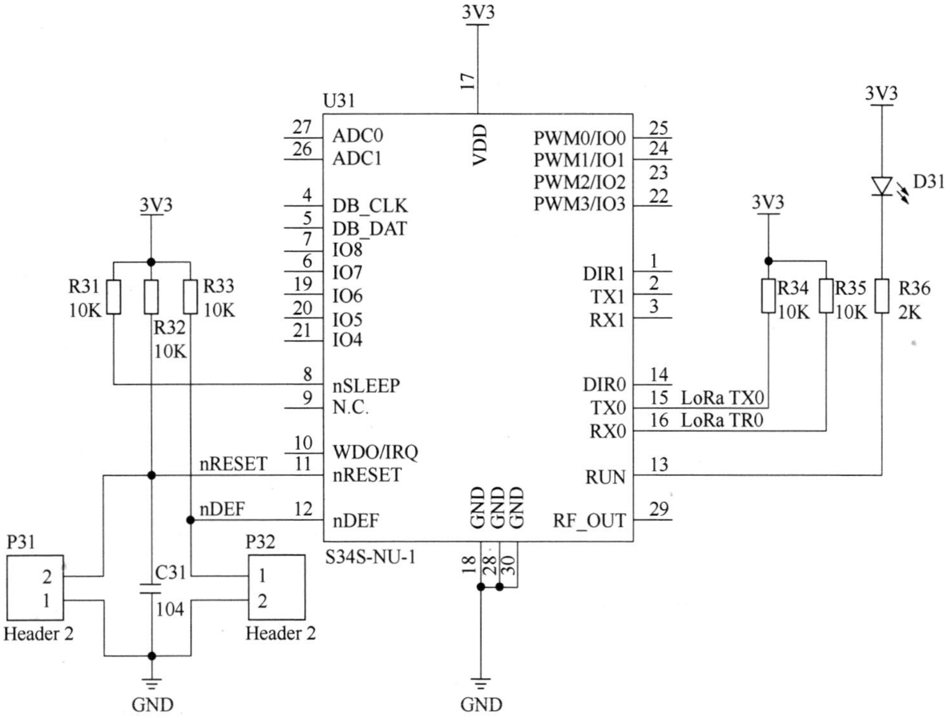

图 3-37　LoRa 通信电路

电源由大容量 4000mA · h、3.7V 锂聚合物电池提供，并通过 TP4056 与 SP6205 两款芯片进行充放电管理。电源充放电管理电路如图 3-38 所示。

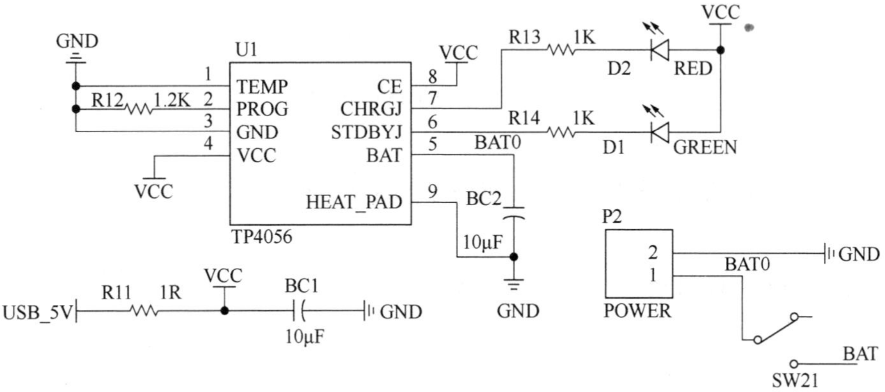

图 3-38　电源充放电管理电路

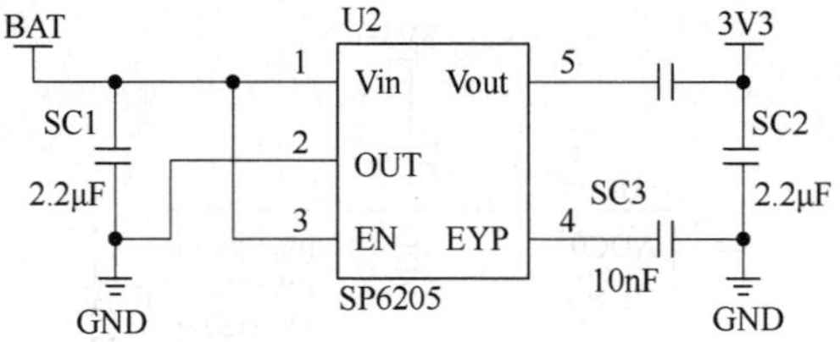

图 3-38　电源充放电管理电路(续)

LCD 液晶屏控制电路如图 3-39 所示，通过三极管控制液晶屏的电源通断，方便实现功耗管理。

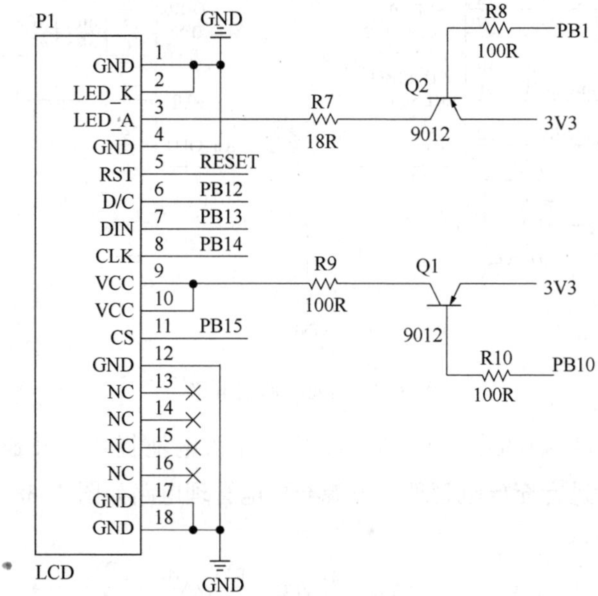

图 3-39　LCD 液晶屏控制电路

3.2　炉管智能结焦诊断的关键技术

3.2.1　炉管智能结焦诊断软件系统

1. 裂解炉炉管智能结焦诊断软件系统结构

裂解炉炉管智能结焦诊断软件系统结构如图 3-40 所示。

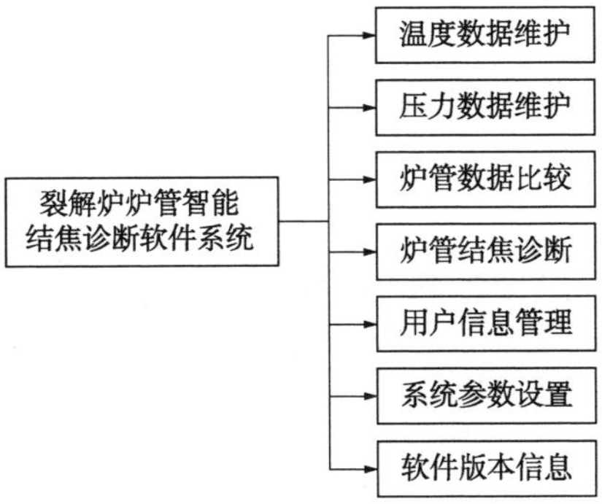

图 3-40　裂解炉炉管智能结焦诊断软件系统结构

2. 裂解炉炉管智能结焦诊断软件系统流程

裂解炉炉管智能结焦诊断软件系统流程如图 3-41 所示。

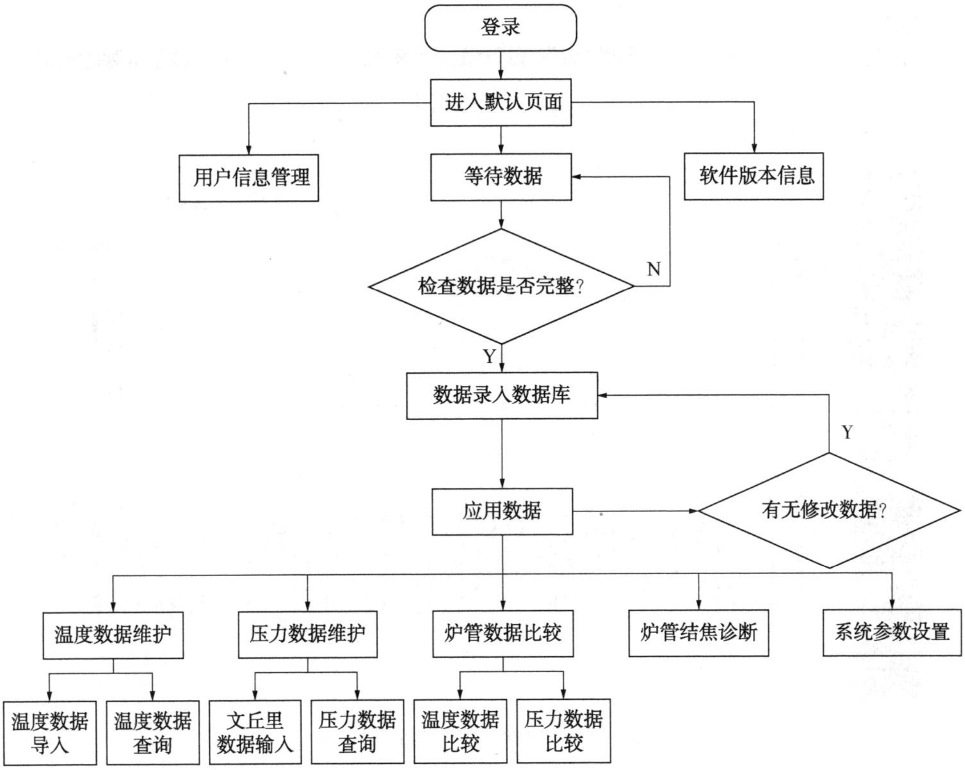

图 3-41　裂解炉炉管智能结焦诊断软件系统流程

3. 裂解炉炉管智能结焦诊断软件系统部分截图

裂解炉炉管智能结焦诊断软件系统部分截图见图 3-42、图 3-43。

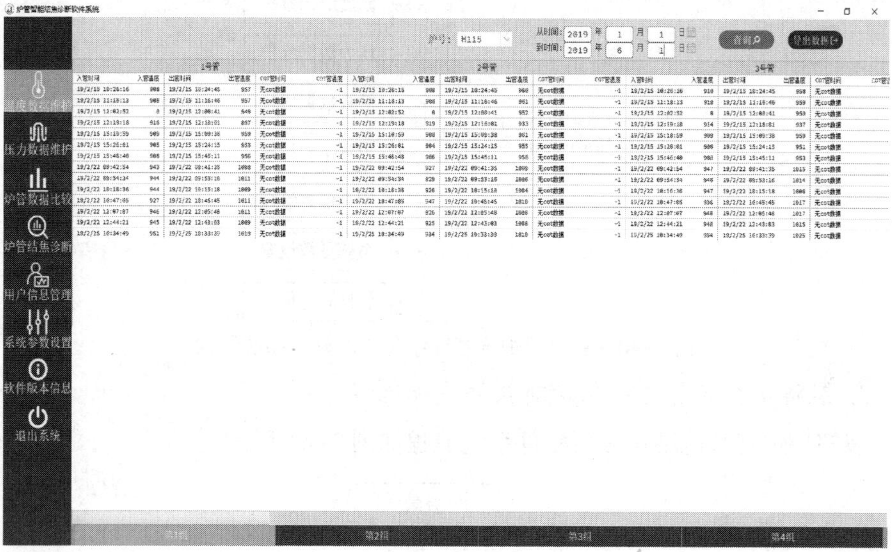

图 3-42　温度数据维护界面

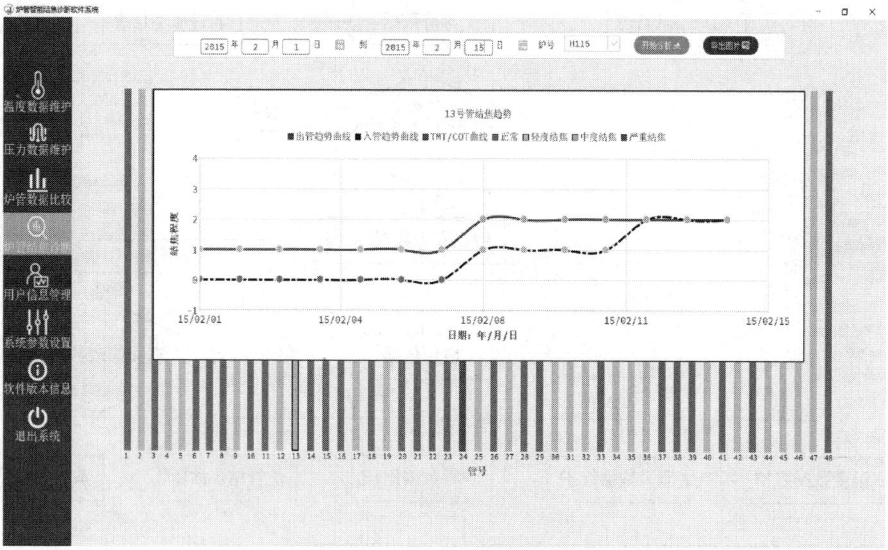

图 3-43　炉管结焦趋势预测界面

3.2.2　基于 ABC-ANFIS-CTF 的炉管智能结焦诊断与预测方法

针对目前已有裂解炉炉管结焦诊断方式存在的多方面不足，提出一种融合自适应模糊神经推理系统(Adaptive Neuro-Fuzzy Inference System, ANFIS)、人工蜂群(Artificial Bee Colony, ABC)和结焦时间因子(Coking Time Factor, CTF)的混合智能优化算法来解决裂解炉炉管结焦诊断与预测问题。

ANFIS 具有推理过程容易理解、专家知识利用好、对样本的要求较低等优点，而且专家知识的充分利用可以极大地提升结焦诊断推理系统的合理性和可解释性。在多变量优化方面，ABC 算法具有全局最优性和快速收敛性等优点。运用 ABC 算法优化基于 ANFIS 结焦诊断推理系统的网络结构参数，可以有效提高模型训练效率和炉管结焦诊断准确率。此外，引入结焦时间因子 CTF，可实现对裂解炉炉管运行周期内的结焦趋势进行预测，实现炉管清焦和安全预警的功能。因此，将所提出的基于 ABC-ANFIS-CTF 的裂解炉炉管结焦诊断与预测方法应用于所研发的裂解炉炉管智能结焦诊断软件系统中，从而实现对炉管结焦的智能监测。

基于 ABC-ANFIS-CTF 诊断方法对裂解炉炉管进行结焦诊断与预测的整体流程如图 3-44 所示。

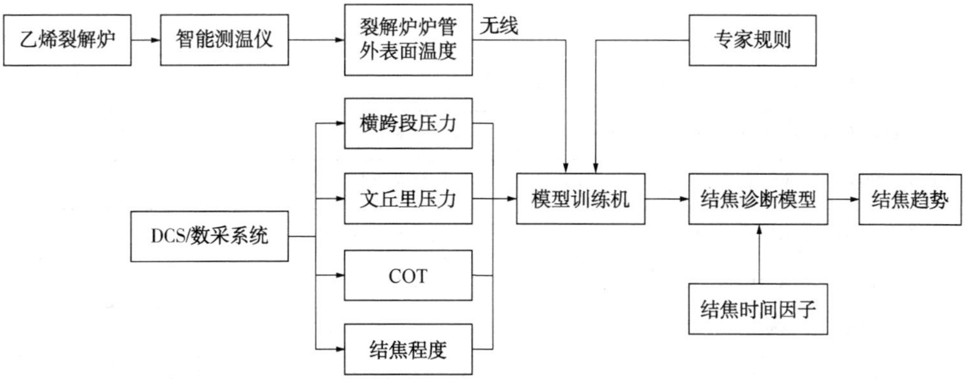

图 3-44　裂解炉炉管智能结焦诊断与预测的整体流程

基于 ABC-ANFIS-CTF 的裂解炉炉管智能结焦诊断与预测方法描述如下：

1. 自适应模糊神经推理系统

裂解炉炉管智能结焦诊断与预测软件通过 COT、智能测温仪测量得到的裂解炉炉管外表面温度、数据采集系统提供的文丘里压力和横跨段压力，挖掘和发现潜在的与炉管结焦有关联的信息，对炉管结焦进行智能分析、判断和预测，采用自适应模糊神经推理系统 ANFIS 实现。

为了构造自适应模糊神经推理系统，需要归纳总结诸如“结焦是炉管内的介质温度超过一定界限后发生热裂解，变成游离碳，堆积到管内壁上。炉管内壁结上一层焦后，增加了一层焦垢热阻，使管壁温度升高，从而也加剧了炉管的表面氧化。氧化使管壁厚度减薄，减薄处在内压和热量的双重作用下首先鼓出，炉管鼓包后管内壁和焦层间产生间隙，使炉管其他部位的温度也逐渐升高”“结焦越厉害，导热效率越低，裂解炉炉管外表面温度与 COT 差值越大”等专家经验知识，并进一步提炼成“IF…THEN…”形式的模糊规则，存储于模糊神经网络中，供网络学习、推理使用。系统中，由专家经验提炼的部分模糊规则如表 3-2 所示（表中 TL、TM、TH 分别代表模糊规则中炉管外表面温度 TMT“低”“中”“高”模糊度；KL、KM、KH、KS 分别代表模糊规则中绝压比 K_{APR}“低”“中”“高”“超高”模糊度；CL、CM、CH 分别代表模糊规则中炉管出口裂解气温度 COT“低”“中”“高”模糊度；v_1，v_2，v_3 和 v_4 分别代表炉管“正常”“轻度”“中度”“严重”的不同结焦程度）。

表 3-2　模糊规则

裂解原料：液化石油气（LPG）、石脑油（NAP）
IF($TMT<TL$)AND($K_{APR}<KL$)AND($COT<CL$)THEN($V=v_0$)
IF($TMT<TL$)AND($KL<K_{APR}<KM$)AND($CL<COT<CM$)THEN($V=v_1$)
IF($TL<TMT<TM$)AND($KL<K_{APR}<KM$)AND($CL<COT<CM$)THEN($V=v_1$)
IF($TM<TMT<TH$)AND($KL<K_{APR}<KM$)AND($CM<COT<CH$)THEN($V=v_2$)
IF($TM<TMT<TH$)AND($KM<K_{APR}<KH$)AND($CM<COT<CH$)THEN($V=v_3$)
IF($TM<TMT<TH$)AND($KH<K_{APR}<KS$)AND($CM<COT<CH$)THEN($V=v_3$)
IF($TMT>TH$)AND($KH<K_{APR}<KS$)AND($COT>CH$)THEN($V=v_3$)
……

上表中 K_{APR} 定义为文丘里压力和横跨段压力的比值，由式(3-37)计算得到：

$$K_{APR}=\frac{(p_w+p_a)}{p_h} \tag{3-37}$$

式中：p_w 表示文丘里压力；p_h 表示横跨段压力；p_a 表示标准大气压强。

炉管智能结焦诊断软件系统采用图 3-45 所示的自适应模糊神经推理结构。

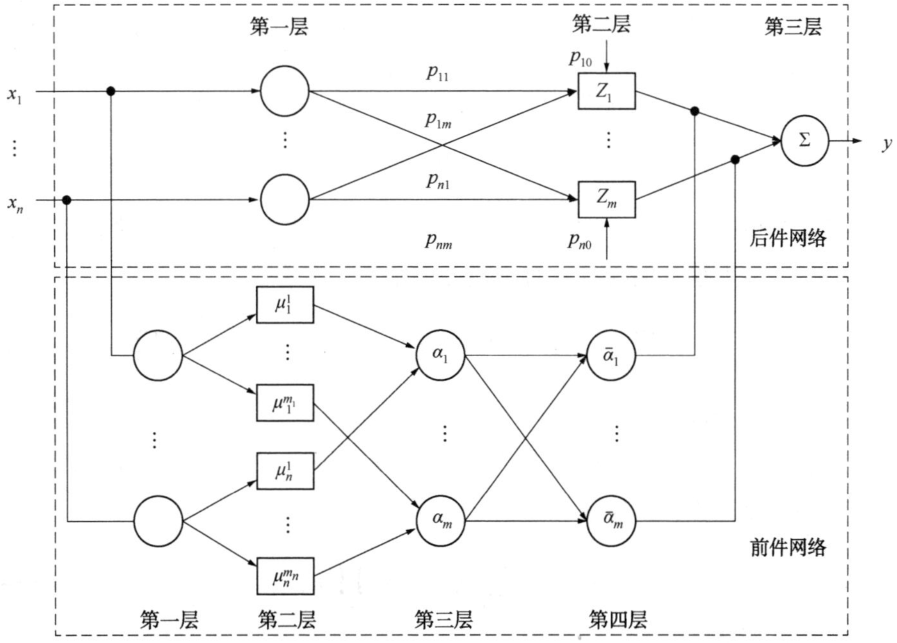

图 3-45　自适应模糊神经推理结构

自适应模糊神经推理系统由前件网络和后件网络两部分组成。前件网络分为四层，用于匹配模型模糊规则的前件。后件网络分为三层，用来产生模糊规则的后件。网络中的方形节点为需要进行参数学习和参数优化的节点。

（1）前件网络

第一层为输入层。该层节点总数为 $N_1=n$，各节点分别直接与输入变量 x_1，x_2，…，x_n 连接。在乙烯裂解炉炉管结焦诊断问题中，输入变量为裂解炉炉管外表面温度、裂解炉横跨段压力、文丘里压力等影响结焦程度的相关变量。

第二层为模糊化层。该层每个节点代表一个语言变量值，它的作用是根据不同隶属度函数 μ_i^j 计算各输入变量属于语言变量值模糊集的隶属度为：

$$\mu_i^j=\mu_A(x_i),\ i=1,\ 2,\ \cdots,\ n;\ j=1,\ 2,\ \cdots,\ m_i \tag{3-38}$$

式中：n 为输入变量的维数；m_i 为输入变量的模糊分割数。常用的隶属度函数类型有高斯隶属函数、钟形隶属函数、三角形隶属函数、梯形隶属函数等。隶属度函数类型的选取会直接影响自适应模糊神经推理系统输出结果的精确度。假设采用高斯隶属函数，其形式如下：

$$\mu_i^j = \exp\left\{-\frac{(x_i - c_{ij})^2}{\delta_{ij}^2}\right\},\ i=1,\ 2,\ \cdots,\ n;\ j=1,\ 2,\ \cdots,\ m_i \tag{3-39}$$

c_{ij}和δ_{ij}分别代表高斯隶属函数的中心和宽度。该层节点总数为：

$$N_2 = \sum_{i=1}^{n} m_i \tag{3-40}$$

第三层为模糊规则层。该层每个节点代表一条模糊规则，每条模糊规则的适用度为该层各节点输入的模糊集合隶属度的乘积，本层输出为：

$$\alpha_m = \exp\left\{-\sum_{i=1}^{n}\frac{(x_i - c_{ij})^2}{\delta_{ij}^2}\right\},\ j = 1,\ 2,\ \cdots,\ m_i,\ m = \prod_{i=1}^{n} m_i \tag{3-41}$$

该层节点总数$N_3 = m$。

第四层为归一化层。该层节点总数与第三层相同，实现将第三层输出的模糊规则进行归一化计算，本层输出为：

$$\bar{\alpha} = \alpha_k / \sum_{k=1}^{m} \alpha_k,\ m = \prod_{i=1}^{n} m_i \tag{3-42}$$

（2）后件网络

由于自适应模糊神经推理系统为多输入单输出模型，故后件网络为单子网络结构，以下为该网络各层的定义。

第一层为输入层。该层与前件网络的第一层含义相同。

第二层为后件规则层。该层用于计算模糊规则的后件，节点总数$N_4 = m$，本层输出为：

$$Z_k = \sum_{l=0}^{n} p_{lk} x_l,\ k = 1,\ 2,\ \cdots,\ m \tag{3-43}$$

其中$x_0 = 1$。

第三层为系统输出层。该层计算系统的输出，输出为所有规则输出之和，即：

$$y(x) = \sum_{k=1}^{m} Z_k \tag{3-44}$$

2. 人工蜂群算法

ABC 算法是模拟自然界蜜蜂采蜜行为的一种优化方法。在 ABC 算法中，蜜蜂种类分为采蜜蜂、跟随蜂和侦查蜂三种，蜜蜂根据种类分工不同，分别完成各阶段不同采蜜工作。采集的花蜜被称为蜜源或食物源，即需要调整参数的各种可能解的集合，每个蜜源位置的花蜜量代表不同解的适应度或收益率。

算法初始状态下，采蜜蜂和跟随蜂各占蜂群总数的一半，每只采蜜蜂负责采集一个蜜源，蜜源由式(3-45)随机生成 SN 个初始解：

$$x_r = x_{r,d} - L_d + rand(0, 1)(U_d - L_d), \ r=1, 2, \cdots, SN, \ d \in Dim \tag{3-45}$$

其中，x_r 代表每一个蜜源；$x_{r,d}$ 代表蜜源的位置；Dim 为蜜源的维度；U_d 和 L_d 分别代表蜂群搜索蜜源空间的上界和下界。

每个蜜源的适应度或收益率由式(3-46)计算得到：

$$fit(x_r) = \begin{cases} \dfrac{1}{f(x_r)} & f(x_r) \geqslant 0 \\ 1 + abs[f(x_r)] & f(x_r) < 0 \end{cases} \tag{3-46}$$

其中 $f(x_r)$ 代表每一个蜜源的目标函数值。

在蜜源最优解的搜索过程中，首先采蜜蜂采集并记忆每个蜜源位置的花蜜量，即问题解的收益率，然后跟随蜂从采蜜蜂处获取蜜源信息，通过判断收益率来选择一个蜜源，而后对选取蜜源记忆的位置进行更新，位置的更新采用下式：

$$v_{r,d} = x_{r,d} + \phi_{r,d}(x_{r,d} - x_{r',d}), \ r'=1, 2, \cdots, SN, \ r' \neq r \tag{3-47}$$

其中 $\phi_{r,d}$ 为[−1，1]之间的随机数。

根据采蜜蜂采集的蜜源的花蜜量，跟随蜂随机选择一个蜜源，选择某个蜜源的概率为：

$$P_r = \frac{fit(x_r)}{\sum_{r=1}^{SN} fit(x_r)} \tag{3-48}$$

当蜜源因蜜蜂开采完，蜜源位置不再被更新时，则当前蜜源位置采蜜蜂变成侦查蜂，并按式(3-45)产生新的蜜源。蜂群寻找蜜源的最大轮次称为觅食周期数，当搜寻的次数大于觅食周期数后，ABC 算法输出收益率最高的蜜源，蜂群结束搜索过程。

3. 人工蜂群算法优化自适应模糊神经推理系统结构参数策略

结焦诊断推理系统结构参数的确定，对网络输出结果的精确度至关重要。由于传统网络的语言变量值模糊分割数、隶属度函数类型、网络的训练迭代次数等参数都是人为确定的，具有随意性和不合理性，其随着输入变量数目的增加而使模糊规则数快速增多，易造成维数灾难，导致极为复杂的模型结构，还会极大影响模型的训练时间。

将 ABC 算法用于优化结焦诊断推理系统结构参数，可以在很大程度上解决人为确定参数所涉及的多种问题，因此采用 ABC 算法对基于 ANFIS 的乙烯装置裂解炉炉管结焦诊断推理系统的结构参数进行优化，以生成最优的结焦诊断模型。

在结焦诊断推理系统中，输入层的输入变量为裂解炉炉管外表面温度、文丘里压力、横跨段压力、COT 等不同类型变量。根据确定的专家规则可分析出这些输入变量的模糊分割范围，但是不同输入变量具体的模糊分割数、隶属度函数类型和网络的训练迭代次数无法确定，由此提出的对基于 ANFIS 的裂解炉炉管结焦诊断推理系统结构参数的优化策略为：将网络不同输入变量的隶属度函数类型、模糊分割数和网络的训练迭代次数作为 ABC 算法的搜索蜜源，并设置合理的蜜源搜索范围，使得 ABC 算法在合理的蜜源搜索范围内找到推理系统结构参数的最优解。

系统中输入变量隶属度函数类型选择范围：{高斯隶属函数(*Gaussmf*)、钟形隶属函数(*Gbellmf*)、三角形隶属函数(*Trimf*)、梯形隶属函数(*Trapmf*)、双 *sigmoid* 函数之差型隶属函数(*Dsigmf*)、双 *sigmoid* 函数之积型隶属函数(*Psigmf*)}。

输入变量模糊分割数选择范围：[2，4]。

后件网络的训练迭代次数选择范围：[100，1000]。

蜜源的组成结构如图 3-46 所示。

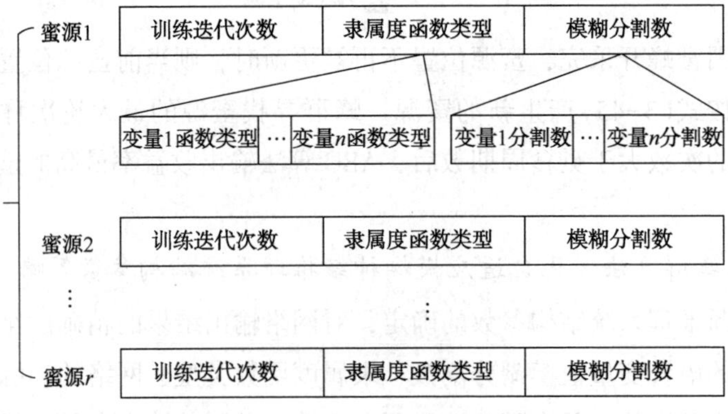

图 3-46 蜂群搜索蜜源的组成结构

在蜂群搜索过程中，将选取不同蜜源情况下 ANFIS 系统输出的目标函数值的均方根误差 E_{rmse} 作为蜜源的收益率的目标函数值，根据函数值计算的收益率在觅食周期内找到最优蜜源。E_{rmse} 的表达式为：

$$E_{\text{rmse}} = \sqrt{\frac{1}{N}\sum_{t=1}^{N}\left[y_t - f_t(x_r)\right]^2},\ r = 1,\ 2,\ \cdots,\ SN \tag{3-49}$$

其中，N 表示 ANFIS 输入训练样本集合的维度；x_r 表示第 r 个蜜源。

4. 引入结焦时间因子预测结焦趋势

在裂解制乙烯过程中，裂解炉炉管的运行周期通常为 40～80 天，但是在实际生产中，由于每根裂解炉炉管在材质、原料停留时间、烃分压等因素方面存在一些差异，使得炉管焦炭生成的速率不尽相同，从而也会使得炉管的运行周期与正常运行周期的范围存在差异。若在运行周期改变的情况下没有做到及时清焦，将会严重影响裂解炉炉管的使用寿命和正常的裂解生产作业，所以对裂解炉炉管结焦趋势的预测具有非常重要的现实意义。

为了能在裂解炉炉管运行的过程中，对裂解炉炉管的结焦趋势做出预测，系统使用了一种基于结焦时间因子的结焦趋势预测方法。结焦时间因子定义为：

$$\Phi(T)=\{TMT(T),\ K_{\text{APR}}(T),\ COT(T)\} \tag{3-50}$$

上式中 $TMT(T)$ 为裂解过程中裂解炉炉管外表面温度的实时变化趋势，其表达式为：

$$TMT(T) = \sum_{i=0}^{n} a_i T^i \tag{3-51}$$

$K_{\text{APR}}(T)$ 为裂解过程中绝压比的实时变化趋势，其表达式为：

$$K_{\text{APR}}(T) = \sum_{j=0}^{m} b_j T^j \tag{3-52}$$

$COT(T)$ 为裂解过程中裂解炉炉管辐射段出口温度的实时变化趋势，其表达式为：

$$COT(T) = \sum_{x=0}^{k} c_x T^x \tag{3-53}$$

上式中 a，b，c，n，m，k 均为常数系数，它们的取值由裂解炉炉管实际运行情况决定。

由结焦时间因子预测结焦趋势的步骤为：首先计算裂解炉炉管从开始运行到当前时刻的 $TMT(T)$、$K_{\text{APR}}(T)$ 和 $COT(T)$，获得当前裂解炉炉管的外表面温度、绝压比和 COT 的发展趋势；然后将需要预测的时间段内的时刻值代入 $TMT(T)$、$K_{APR}(T)$ 和 $COT(T)$ 得到预测阶段的裂解炉炉管外表面温度、绝压比和 COT 的值；最后将预测得到的裂解炉炉管外表面温度、绝压比和 COT 的值输入结焦诊断模型，从而获得预测时间段内所有时刻的结焦程度，实现炉管结焦趋势的预测。

5. 训练、测试和验证

为了验证提出的 ABC-ANFIS-CTF 方法在裂解炉炉管结焦诊断中的准确性，随机选取某石油化工公司 1#裂解装置的 H114、H115 和 H116 三台裂解炉实际运行数据作为该方法训练、测试和验证数据，数据分别来源于上述三台裂解炉一个完整运行周期(分别为 65 天、73 天和 78 天)，形成 1 号样本集、2 号样本集和 3 号样本集。其中，1 号样本集来源于 H115 裂解炉，2 号样本集来源于 H114 裂解炉，3 号样本集来源于 H116 裂解炉。1 号样本集用于模型的训练和测试，按 7∶3 的比例再分为训练样本集和测试样本集。结焦诊断模型训练后，再由 2 号样本集和 3 号样本集对训练模型进行验证。用于训练、测试和验证的数据样本结构如表 3-3 所示。

表 3-3 训练、测试和验证的数据样本结构

样本	样本数量	输入变量			输出变量
1 号训练样本集	2184	TMT	K_{APR}	COT	结焦程度
1 号测试样本集	936				
2 号验证样本集	3504				
3 号验证样本集	3744				

经 1 号训练样本集训练后，再经 1 号测试样本集、2 号验证样本集和 3 号验证样本集的测试和验证，基于 ABC-ANFIS-CTF 方法的炉管结焦诊断准确率分别达 99.57%、99.55%和 99.58%，均在 99.5%以上，完全符合生产实际的要求。

另外，为了验证所提的 ABC-ANFIS-CTF 方法在裂解炉炉管结焦诊断的优越性，还将该方法分别与径向基神经网络(RBF)、支持向量机(SVM)、临近节点分类算法(KNN)、反向传播神经网络(BPNN)进行了比较，结果如图 3-47、图 3-48所示，图中灰色柱状条代表验证样本集中不同结焦程度的原始样本数量。从图 3-47 和图 3-48 可以看出，所提的 ABC-ANFIS-CTF 方法对炉管结焦诊断的结论最接近验证样本集中炉管结焦样本数，与其他传统的神经网络和分类算法相比，具有最高的结焦诊断准确性。

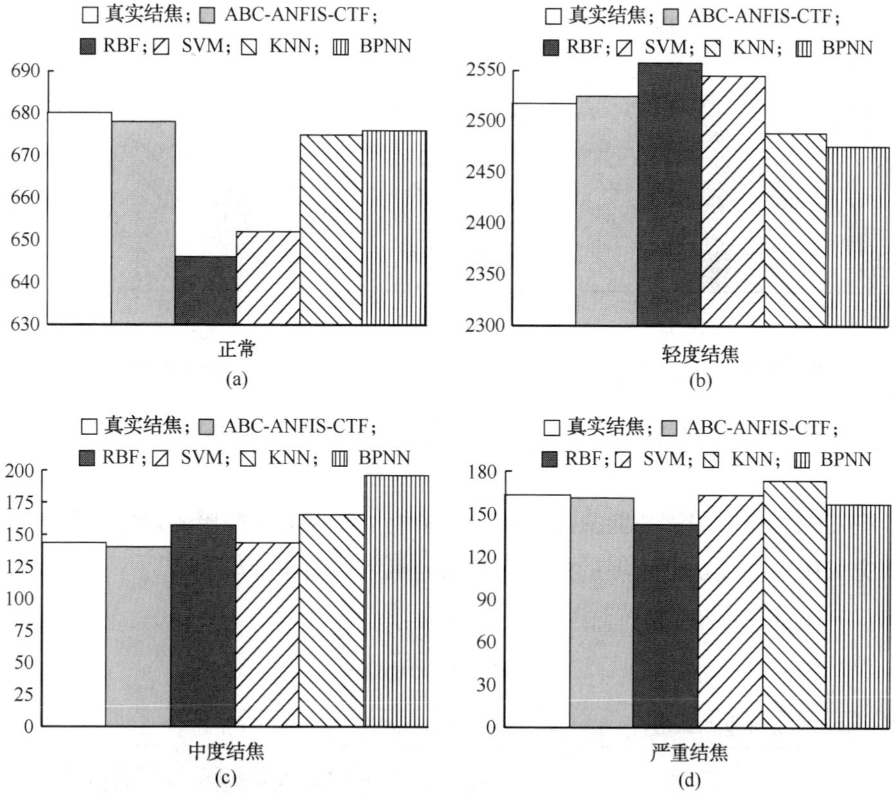

图 3-47 使用 2 号验证样本集与其他算法对结焦诊断准确性的比较

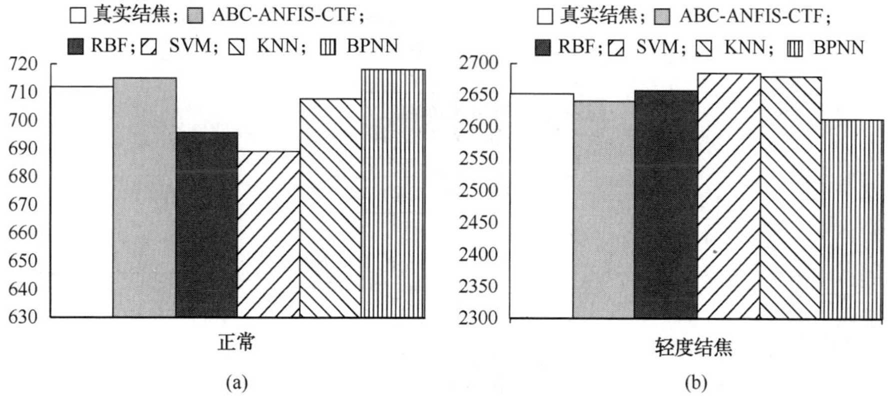

图 3-48 使用 3 号验证样本集与其他算法对结焦诊断准确性的比较

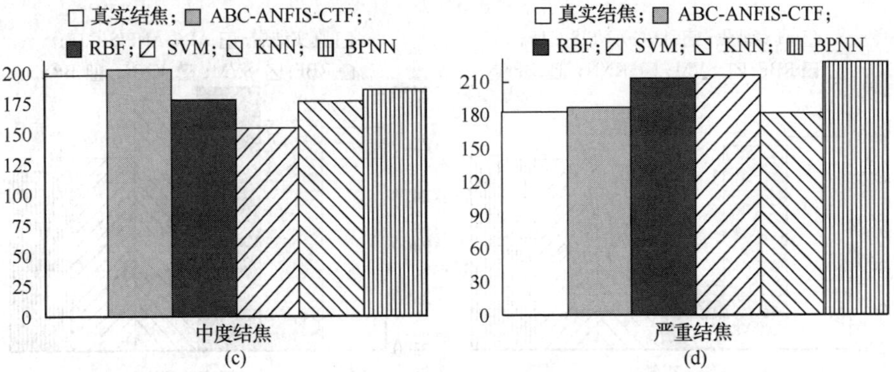

图 3-48　使用 3 号验证样本集与其他算法对结焦诊断准确性的比较(续)

3.3　三方通信握手机制的关键技术

智能测温仪、炉管智能结焦诊断软件系统、遥控器需按照一定的通信握手机制，方可确保上述三方有序进行，所采用的机制如图 3-49 所示。

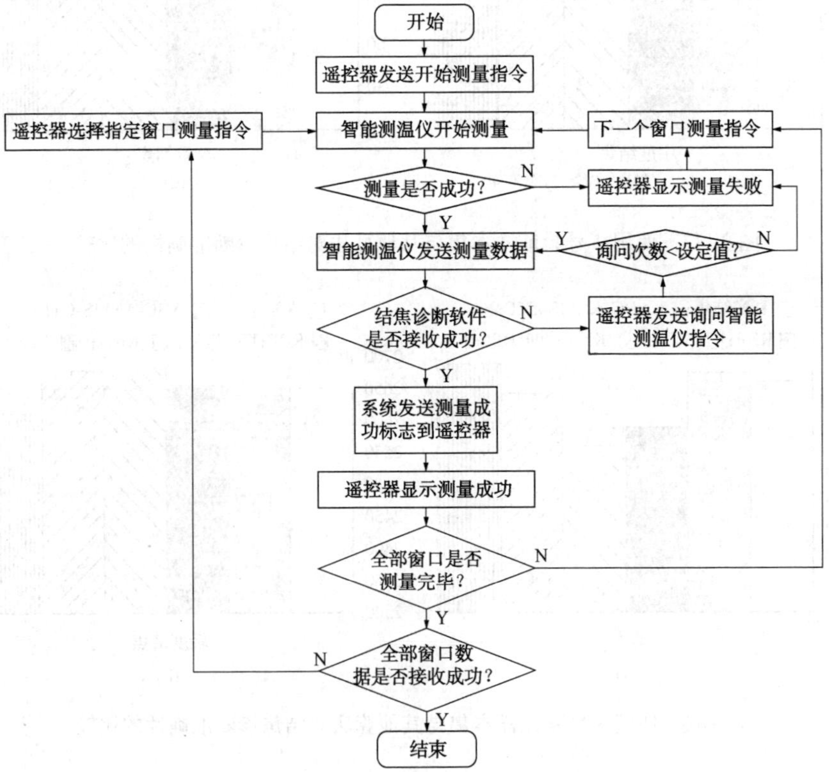

图 3-49　三方通信握手机制流程

3.4　云计算环境下虚拟化资源自主管理和作业优化调度机制的关键技术

3.4.1　虚拟化资源自主管理的关键技术

1. 基于分段服务等级协议的虚拟化资源自主管理机制

在云计算环境中，虽然可以采用虚拟化技术屏蔽底层资源的异构性和复杂性，但如何有效地管理巨大的虚拟化资源池是一个具有挑战性的研究课题。通过对云计算环境下用户工作执行过程的分析，提出一种以虚拟机簇(将存在资源竞争或运行着互相依赖的多层应用系统的一群相关虚拟机，称为一个虚拟机簇)为粒度的基于强化学习和排队论的虚拟资源配置算法。算法首先引入分段服务等级协议和单位时间成本两个衡量指标，然后将云计算环境下的虚拟资源配置问题抽象为序贯决策问题，最后设计了优化目标函数并采用强化学习寻找最优资源分配策略。验证结果不仅证明了算法的有效性，而且在服务等级协议冲突率和用户费用两个指标上优于常用的资源分配方法。

（1）基于虚拟机簇的虚拟化资源调度模型

模型体系结构如图 3-50 所示，该模型由相互作用并协同工作的多个子模型构成，包括作业调度模块(Users Job Scheduling，UJS)、作业执行模块(Users Job Execution，UJE)和作业传输模块(Users Job Transmit，UJT)。

以虚拟机簇为粒度的多智能体(agent)组织包含四种：vms-agent、apps-agent、vm-agent 和 com-agent。vms-agent 和 apps-agent 为协同智能体，虚拟机簇内各设一个。虚拟机簇及其与协同智能体、自适应学习智能体逻辑关系如图 3-51所示。

分段服务等级协议：即根据用户作业在图 3-51 所示模型中的执行阶段将服务等级协议进行划分，通过该举措，若用户作业每个阶段都满足分段服务等级协议的要求，则必然不会导致违反服务等级协议的约定；反之若某一阶段违反了分段服务等级协议的约束，则后续的执行阶段还可以进行弥补，保证服务质量。该段服务等级协议包括：

$JQT \leqslant SLA_{JQT}$：表示作业排队时的分段服务等级协议约束；

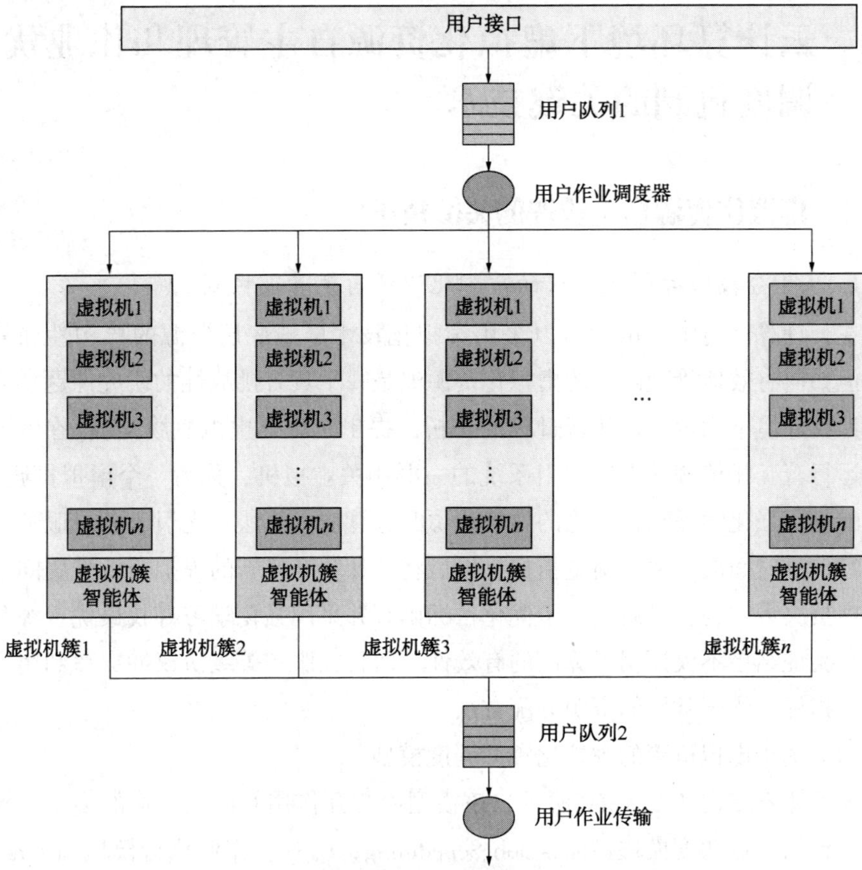

图 3-50　基于多智能体的云虚拟资源调度模型

$JET \leqslant SLA_{JET}$：表示作业执行时的分段服务等级协议约束；

$JTT \leqslant SLA_{JTT}$：表示作业传输时的分段服务等级协议约束。

单位时间有效费用：$UUTC = \dfrac{Total\ cost}{T_{tot}}$，其中 *Total cost* 为用户作业总执行费用，T_{tot} 为用户作业相应时间。

（2）基于强化学习的虚拟资源调度机制

强化学习以奖赏函数累计回报最大化为学习目标，自适应智能体通过离线学习、在线学习以及建立信念库等措施，加速强化学习最优策略的收敛速度。信念库规则的建立可对动作空间进行协同与约减，解决强化学习探索初期性能差的问

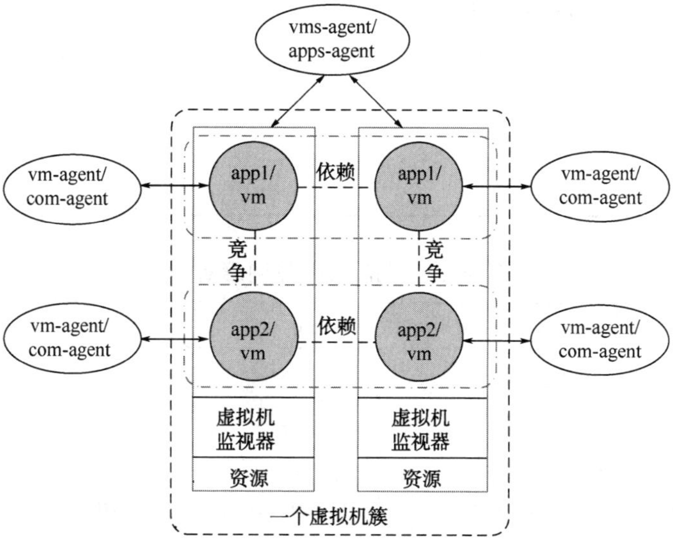

图 3-51　虚拟机簇及其与多智能体逻辑关系示意

题。信念库规则举例如下：

if *UUTC* increase then *vCPU* decrease

基于建立的信念库在多智能体间进行知识迁移，进一步提高资源调度可靠性和有效性。

基本强化学习算法如算法 3 所示，设计的虚拟化资源自主管理机制如算法 4 所示，包括离线学习和在线学习两个阶段。

算法 3　基本强化学习算法

Initialize Q value table

Initialize state s_t

　Error = 0

Repeat

For each state s do

$a_t = get\_\ action(s_t)$ using ε-$greedy$ policy

For(step=1；step<LIMIT；step++) do

Take action a_t observe r and S_{t+1}

$Q_t = Q_t + \alpha * (r + \gamma * Q_{t+1} - Q_t)$

$error=MAX(error \mid Q_t-Q_{previous-t})$

$s_t=s_{t+1}$，$a_{t+1}=get\_\ action(s_t)$，$a_t=a_{t+1}$

End for

End for

Until $error<\theta$

算法 4　虚拟化资源调度算法

Offline Reinforcement Learning Algorithm

Divide State Space

Repeat

  For each state space partition do

  Set upper and low bound of CPU，memory and bandwidth

  Obtain running state of cloud computing platform

  Obtain performance index

    For each resources do

      Using Algorithm 2

    End for

  End for

Update Q value table

Online Reinforcement Learning Algorithm

Obtain running state of cloud computing platform

Look up Q value table，configure VM resources

Obtain performance index

Use belief library

Set upper and low bound of VCPU，memory and bandwidth

  Action space compact

      For each resources do

    Using Algorithm 2

  End for

Update Q value table

（3）云计算仿真环境验证

自行开发了基于离散事件驱动的数值仿真器，实现了上述云虚拟化资源自主管理机制改进 Q 学习算法（Improve Q learning scheme），并与 Amazon 使用的资源利用率算法（Utilization scheme）、遗传算法（GA scheme）、非线性规划算法（Nonlinear programming scheme）等常用算法进行比较，实验结果如图 3-52 所示。

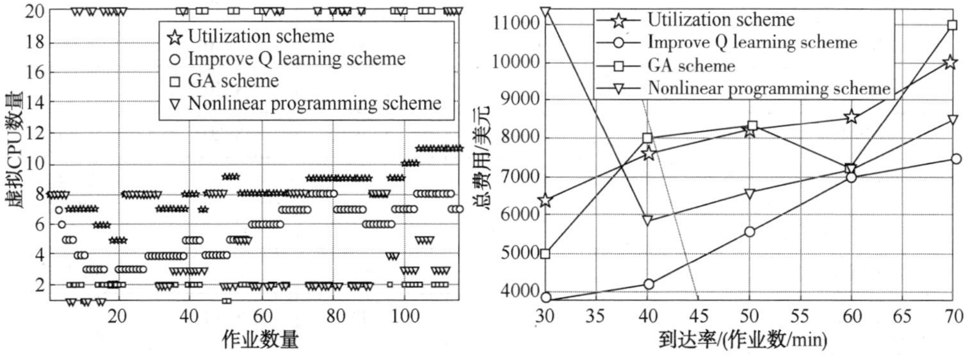

(a)各种调度算法下vCPU数目比较　(b)各种调度算法下费用比较

图 3-52　各种资源调度算法性能比较

图 3-52（a）的实验结果可见，遗传算法和非线性规划算法通常会导致 vCPU 资源频繁调度，反之 Improve Q learning scheme 和 Utilization scheme 则不会导致 vCPU 资源频繁调度。图 3-52（b）的实验结果表明所提的算法降低了用户作业的总费用。

为了进一步验证算法的性能，在各种用户作业到达率下各运行 1000 次仿真程序，各性能指标的统计结果如表 3-4 所示。表 3-4 的实验结果表明算法的 *UUTC* 指标均优于对比文献。根据 *UUTC* 的定义，分子的优化目标是最大化执行费用，分母的优化目标为最小化执行时间，则两个指标比率的含义为单位时间系统资源的利用率。因此该值越大，相应系统资源的利用率也就越高。

（4）云计算真实环境验证

选用 SPECjbb2015 作为基准测试环境，该环境模拟三层架构环境来进行 Java 应用服务器测试，测试过程中每个仓库（Warehouse）会产生一个独立的线程，从而决定测试线程的并发数。物理机选用 Lenovo Think Server RD630，实验过程中每个 Warehouse 下的时间间隔设置为 20min，共运行 10 次，不同 Warehouse 下的系统吞吐量比较如表 3-5 所示，CPU 资源的调度结果如图 3-53 所示。

表 3-4　各种资源调度算法性能指标统计表

算法	到达率/（作业数/min）	运行时间/min	总花费/美元	平均 vCPU 数目/（数/到达率）	UUTC/（美元/min）
利用率算法	30	364. 61	7270	7. 36	2. 70
遗传算法		381. 68	3930	7. 36	1. 39
非线性规划算法		368. 36	4353	7. 36	1. 60
本算法		368. 36	5204	4. 76	2. 96
利用率算法	40	247. 20	7433	8. 20	3. 66
遗传算法		273. 12	5788	8. 20	2. 58
非线性规划算法		278. 21	5349	8. 20	2. 34
本算法		250. 30	3727	3. 87	3. 84
利用率算法	50	216. 14	8688	8. 18	4. 91
遗传算法		244. 06	8100	8. 18	4. 05
非线性规划算法		232. 41	6376	8. 18	3. 35
本算法		218. 63	5448	4. 45	5. 59
利用率算法	60	148. 39	9540	8. 78	7. 32
遗传算法		172. 75	8718	8. 78	5. 74
非线性规划算法		176. 30	7569	8. 78	4. 88
本算法		149. 85	6578	4. 43	9. 90
利用率算法	70	147. 48	9611	9. 96	6. 54
遗传算法		175. 78	10025	9. 96	5. 72
非线性规划算法		179. 37	9878	9. 96	5. 529
本算法		147. 87	7820	7. 69	6. 87

表 3-5　不同 Warehouse 下吞吐率比较结果

Warehouse	最大	利用率算法	本算法
1	32103. 43	32847. 88	33767. 96
2	63252. 47	59510. 64	59951. 13
3	87267. 56	82380. 99	83919. 59
4	105719. 64	104081. 37	99212. 12
5	115648. 76	117200. 12	116671. 41

续表

Warehouse	最大	利用率算法	本算法
6	119057.39	121530.59	122071.97
7	123759.19	126187.14	124289.81
8	120844.70	122457.18	122758.30

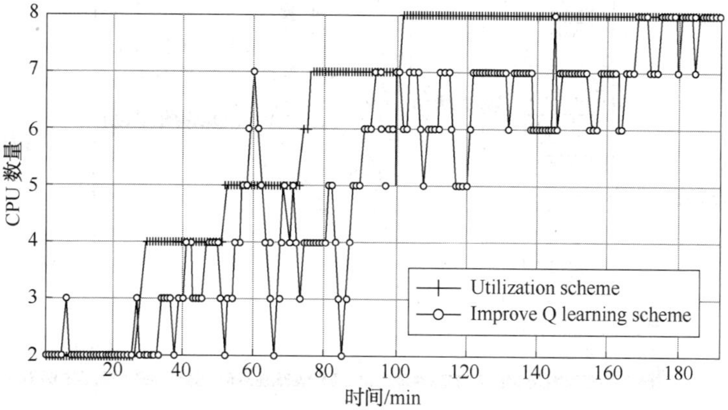

图 3-53 不同 Warehouses 下 CPU 数目比较结果

从表 3-5 和图 3-53 的实验结果可见，本算法和资源利用率算法在不同 Warehouse 下达到的吞吐量相同，但本算法使用的 CPU 资源少于对比算法。

2. 基于深度强化学习的虚拟化资源自主管理机制

针对复杂云环境下的资源自主管理在线决策任务的困难问题，提出一种基于深度强化学习 Deep Q-network 算法的虚拟化资源自主管理机制，充分利用强化学习的优秀决策能力和深度学习对环境的强大感知能力，并以最小化作业平均怠工和平均完成时间为优化目标，提高虚拟化资源利用率和服务质量。

(1) 系统模型

设计的基于深度强化学习的虚拟化资源调度框架如图 3-54 所示。

(2) 基于深度强化学习的虚拟化资源自主管理机制

状态空间：系统的状态空间包含当前集群中机器资源配置和等待调度队列中作业的资源需求，如图 3-55 所示。集群状态表示接下来 T 个时间步($T=20$)为等待服务的作业配置资源的情况，集群状态图像中不同颜色代表不同的作业。系统状态空间以二进制矩阵的形式(彩色单位以 1 表示，空白单位以 0 表示)作为模型神经网络的输入。因此，状态空间只能固定表示 M 个等待调度的作业的属性，剩下未被选入调度队列的作业将积压在缓冲区(Backlog)中，等待调入调度队列。同时，该方法也限制动作空间的大小，使得模型学习过程更加高效。

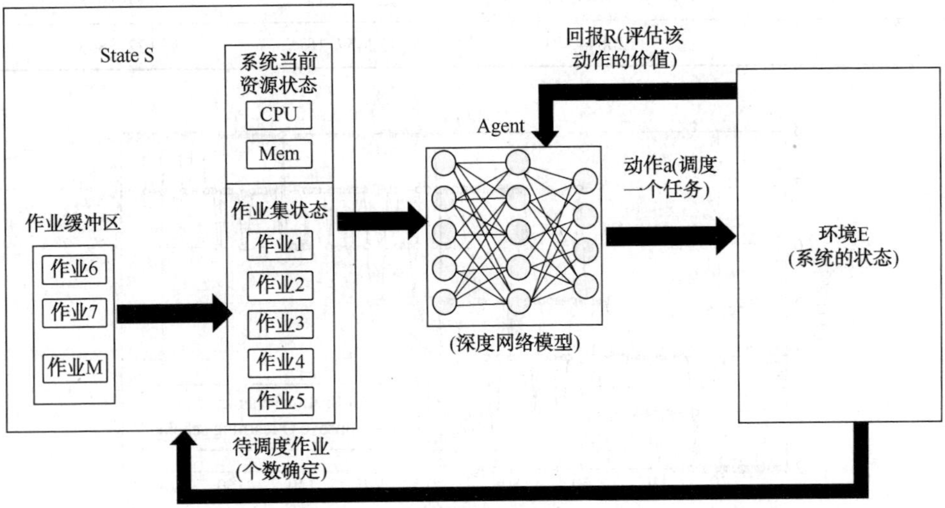

图 3-54 基于深度强化学习的虚拟化资源调度模型

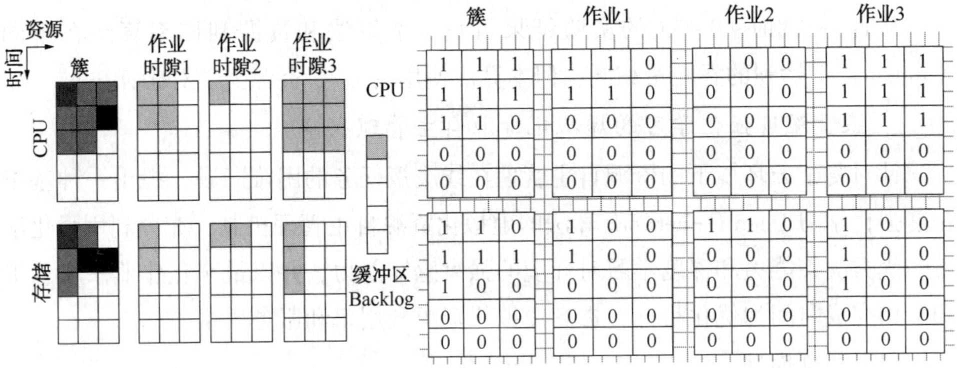

图 3-55 状态空间

动作空间：将包含 M 个作业的调度队列表示为$\{J_0, J_1, \cdots, J_{M-1}\}$，$N$ 个集群表示为$\{C_0, C_1, \cdots, C_{N-1}\}$。因此，动作空间数为 $N*M+1$，表示为$\{0, 1, 2, \cdots, N*M-1, \varphi\}$；动作 $j*M+i$，表示将作业 J_i 调度到集群 C_j 中；动作 φ 表示空动作，不调度任何作业。在每个时间步，调度器将从作业队列中选择多个作业调度到集群中，直至选择到空动作或是无效动作为止。调度器将为被调度的作业分配合适的资源，并更新系统的集群资源状态，从缓冲区中取出相应数量的作业，补充到调度队列中，保证调度队列作业数量不变，更新作业队列的状态，直到将所有等待服务的作业调度完。

回报函数：回报函数是智能体不断与环境交互探索通向优化目标的引导者，针对不同的优化目标，需要设计不同的回报函数。在项目中将最小化平均作业怠工和最小化平均作业完成时间作为优化目标。作业的怠工定义为 $S_i=C_i/T_i(S_i\geq 1)$，对应的回报函数设计为：

$$R=\sum_i^J -1/T_i \tag{3-54}$$

式中：J 表示所有已到达系统的等待调度的作业；T_i 代表作业 i 的持续时间。

对于最小化作业完成目标的回报函数可设计为：

$$R=-|\psi| \tag{3-55}$$

式中：ψ 表示当前时间步系统中未完成的作业数。

（3）基于深度强化学习的虚拟化资源自主管理算法

设计的基于深度强化学习的虚拟化资源自主管理算法如算法 5 所示。

算法 5　基于深度强化学习的虚拟化资源自主管理算法

1. Initialize replay memory D to capacity M
2. Initialize action-value function Q with random weights θ
3. Initialize target action-value function $Q^{\sim}$ with random weights $\theta^{\sim}=\theta$
4. For each iteration:
5. 　For each jobset:
6. 　　Run episode $i=1, 2, \cdots, N$:
7. 　　　$\{s_1^i, a_1^i, r_1^i, s_2^i, \cdots, s_{L_i}^i, a_{L_i}^i, r_{L_i}^i, s_{L_i+1}^i\}\sim\pi_\theta$
8. 　　Compute returns: $v_t^i=\sum_{s=t}^{L_i}\gamma^{s-t}r_s^i$
9. 　　For $t=1$ to L:
10. 　　　Compute baseline: $b_t=\sum_{i=1}^{N}v_t^i/N$
11. 　　　For $i=1$ to N:
12. 　　　　$\Delta r_t^i=v_t^i-b_t^i$
13. 　　　　Store transition$(s_t^i, a_t^i, \Delta r_t^i, s_{t+1}^i)$ in D

14. End For
15. End For
16. End For
17. Sample random mini-batch of transition(s_t^i, a_t^i, Δr_t^i, s_{t+1}^i) from D
18. Update the network parameters θ
19. $L_i(\theta_i)=E_{(s,a,r,s')\sim D(M)}[(r+\gamma \max_{a'} Q(s', a'; \theta_i^{\sim})-Q(s, a; \theta_i))^2]$
20. Every C steps update $Q^{\sim}=Q$
21. End For

算法主要包括 4 个步骤，具体说明如下：

步骤 1：用深度神经网络作为 Q 值的网络，参数为 w，则 $Q(s, a, w)=Q*(s, a)$。

步骤 2：在 Q 值中使用均方误差定义损失函数

$$L(w)=E[(r+\gamma \max_{a'} Q(s', a', w)-Q(s, a, w))^2]$$

步骤 3：计算参数 w 关于损失函数的梯度

$$\frac{\partial L(w)}{\partial w}=E\left[(r+\gamma \max_{a'} Q(s', a', w)-Q(s, a, w))\frac{\partial L(w)}{\partial w}\right]$$

步骤 4：使用随机梯度下降 SGD 实现端对端的优化目标$\frac{\partial Q(s, a, w)}{\partial w}$，使用 SGD 更新参数，从而得到最优的 Q 值。

(4) 云计算仿真环境验证

通过实验分析对比，采用的 DQN 算法与经典启发式的短作业优先 SJF 算法、Teris* 算法以及策略梯度等算法 DeepRM 在优化作业平均完成时间和作业平均怠工的效果。

实验中 DQN 模型参数如表 3-6 所示。

表 3-6 DQN 训练模型参数

算法参数	参数值	算法参数	参数值
训练次数	1000	贪心因子 ε 初始值	0.5
学习率	0.001	贪心因子 ε 最大值	0.9

续表

算法参数	参数值	算法参数	参数值
折扣因子	0.95	每回合 ε 增幅	0.001
目标网络更新间隔	100	作业回合数	20
经验池规模	30000	Mini-batch	32

实验中卷积神经网络模型参数设置如表 3-7 所示。

表 3-7 网络参数

网络层	卷积层	最大值池化层	全连接层
输入规模	180×20	178×18	89×9
卷积核规模	2×2	2×2	—
步长	(1, 1)	(2, 2)	—
卷积核数	8	—	—
激活函数	ReLU	—	—
输出规模	178×18	89×9	21

作业平均完成时间实验结果如图 3-56 所示，采用 DQN 算法相较于采用 DeepRM，曲线更快收敛、更稳定，且最后收敛的作业平均完成时间相比于 DeepRM 算法降低 5.2%。在整个训练过程中，前 100 个迭代回合，DQN 和 DeepRM 曲线均比较震荡，不稳定，且平均作业完成时间大于启发式 SJF 算法与 Teris* 算法。在训练 200 个回合后，曲线逐渐趋于稳定，且作业完成时间明显低于 SJF 算法和 Teris* 算法，最终趋于收敛。

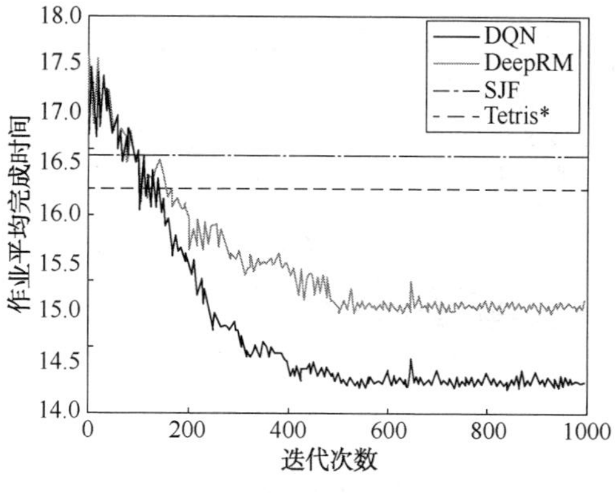

图 3-56 作业平均完成时间

总折扣回报实验结果如图 3-57 所示，图中曲线表示随着训练进行，每个训练回合智能体完成调度任务所获得的平均总回报和最大总回报不断增大直至收敛，平均回报曲线逐渐向最大回报曲线靠拢并收敛。在收敛性上与图 3-56 的作业完成时间曲线具有同步性，表明在调度策略朝着目标不断学习优化的过程中，智能体获得回报值不断增加。

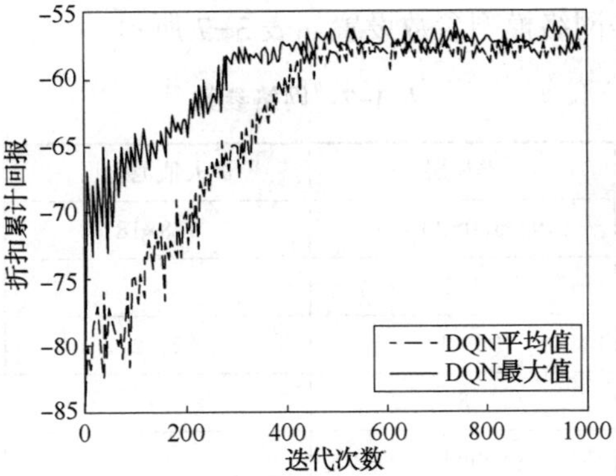

图 3-57　总折扣回报

图 3-58 表示 4 种对比算法在不同负载下的平均作业怠工变化趋势，在低负载的情况下，不同算法之间的变化差异性不大。当负载达到或超过 90%时，可以清楚地观察到 DeepRM 和 DQN 算法的平均作业怠工变化率较小，并且结果明显低于启发式算法 SJF 和 Tetris*。图 3-59 表示在负载达到 130%，DQN 和 DeepRM 算法在训练次数达到 200 回合后，开始趋向于收敛，且收敛的结果小于 SJF 和 Tetris*算法。同时，DQN 算法收敛速度快于 DeepRM 算法，且获得更小的平均作业怠工。

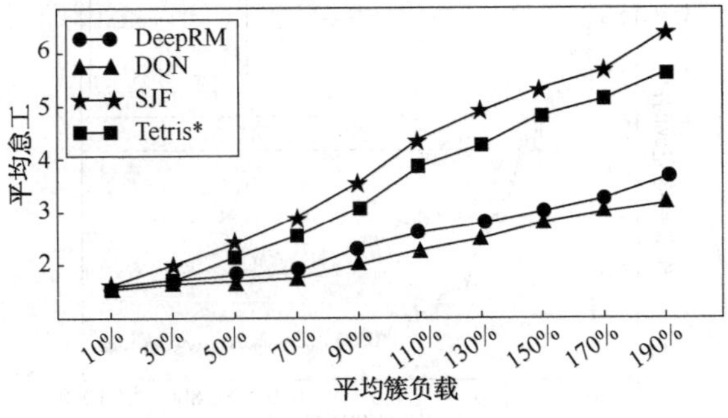

图 3-58　不同负载下的作业平均怠工

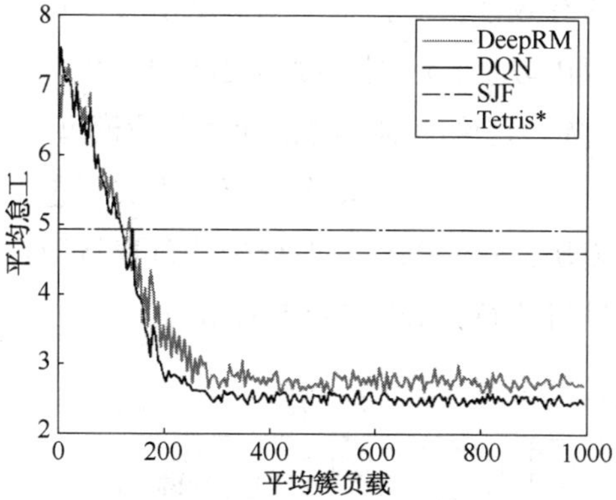

图 3-59 在 130%负载下的作业平均怠工

图 3-60 表示实验结果中不同持续时间的作业的平均作业怠工区间分布。如图所示，采用 Tetris* 算法的短作业的平均作业怠工明显大于长作业，但采用 DQN 和 DeepRM 算法调度的短作业平均作业怠工明显小于长作业。

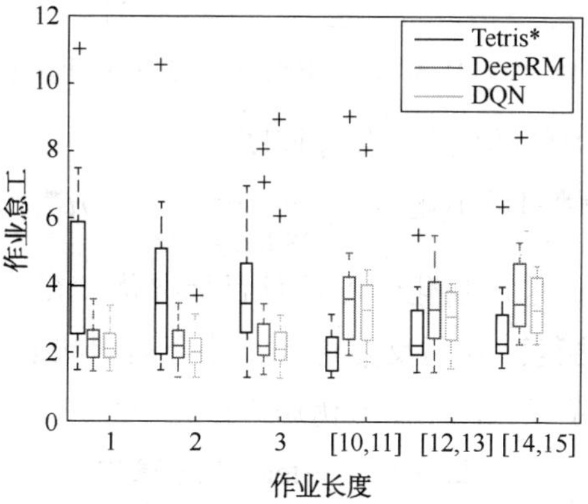

图 3-60 作业怠工分布

3.4.2 作业优化调度的关键技术

1. 随机作业优化调度机制

合理有效的作业调度是云计算环境性能优化和资源管理的前提。结合队列理论设计了一种细粒度的云计算系统模型，提出了一种基于强化学习的用户作业调度算法，算法在各虚拟机资源占有量不变的约束下，以作业响应时间最小化为优化目标，通过作业的合理调度，提高了资源利用率和服务质量。验证结果不仅证明了该作业调度算法的有效性，而且也深刻揭示了云计算环境中各性能指标，如达到率、服务率、虚拟机数量、队列长度等之间的关系。

（1）基于 $M/M/n$ 队列理论的细粒度云计算环境模型

该模型由相互作用并协同工作的多个子模块构成，包括作业调度模块、作业执行模块和作业传输模块，核心部件作业分配器负责将用户作业分配到资源池中相应的计算服务器上进行执行，如图 3-61 所示。

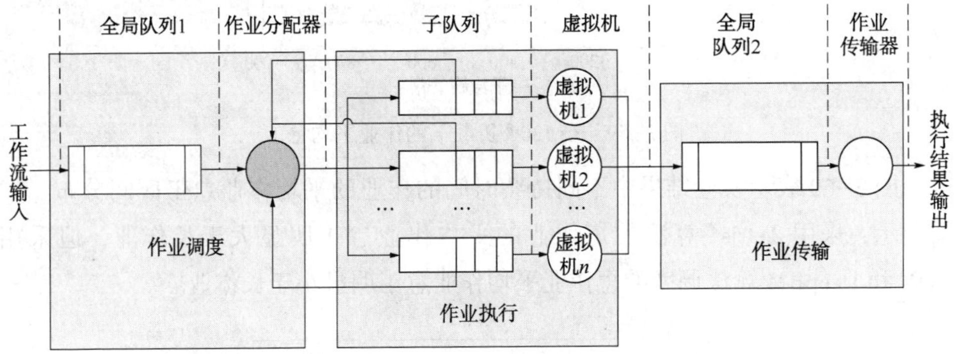

图 3-61　基于 $M/M/n$ 队列理论的细粒度云计算系统模型

（2）基于强化学习的随机用户作业调度机制

以用户作业响应时间最小化，即 $\underset{\{0\leqslant\sum_{i=0}^{N}s_i\leqslant M*N\}}{\text{Minimize}}\quad rt^{tot}$ 为优化目标，系统状态转移满足马尔可夫性，采用强化学习进行目标寻优，在无先验数据经验的基础上，通过强化学习的探索-利用反复迭代，综合运用状态空间聚类、离线学习、在线学习等多种技术手段，决策出最优用户作业分配方案，如算法 6 所示。

算法 6　*Q*-learning 算法

Initialize Q table
Initialize state s_t
Error = 0
Repeat
    For each state s do
        $a_t = get\_\ action(s_t)$ using ε-*greedy* policy
            For(step = 1; step<LIMIT; step++) do
                Take action a_t observe r and S_{t+1}

```
            Q_t = Q_t + α * (r + γ * Q_{t+1} - Q_t)
            error = MAX(error | Q_t - Q_{previous-t})
          s_t = s_{t+1}, a_{t+1} = get_ action(s_t), a_t = a_{t+1}
        End for
      End for
    Until error < θ
```

其中，状态空间聚类映射过程如下：

$$E=\begin{cases} S_{\mathrm{v}} & if\ s_i=0 \\ S_{\mathrm{l}} & if\ s_i\in\left(1,\ \dfrac{M}{3}\right) \\ S_{\mathrm{m}} & if\quad s_i\in=\left(\dfrac{M}{3}+1,\ \dfrac{2M}{3}\right) \\ S_{\mathrm{h}} & if\ s_i\in=\left(\dfrac{2M}{3}+1,\ M-1\right) \\ S_{\mathrm{f}} & if\ s_i=M \end{cases} \tag{3-56}$$

下标 v、l、m、h、f 分别表示剩余缓存队列的状态无缓存空间（缓存队列已满）、有较少缓存空间、中等缓存空间、较多缓存空间、队列为空（队列中没有任务）。

经过状态聚类后，抽象状态空间为$E_i=\{S_{\mathrm{v}},\ S_{\mathrm{l}},\ S_{\mathrm{m}},\ S_{\mathrm{h}},\ S_{\mathrm{f}}\}$。对于第 i 个用户作业请求，作业调度器采取的动作只与聚类状态$S_i(S_i\in E_i)$有关，记为$a_i(S_i)$。显然系统存在如下两种状态，其动作具有特殊性。

- 队列满时的状态S_{v}。作业调度器拒绝将用户作业请求分配给剩余缓存队列为空的作业执行器，即$a_i(S_{\mathrm{v}})=0$。
- 队列空时的状态S_{f}。优先将用户作业请求分配给剩余缓存队列为满的作业执行器，即$a_i(S_{\mathrm{f}})=1$。

对于状态空间E_i中其他的状态S_{l}、S_{m}和S_{h}作业调度的优先级依次增大。当第 i 个任务请求被提交后，任务调度器的调度策略可记为：

$$\pi_i(a(S_{\mathrm{v}}),\ a(S_{\mathrm{l}}),\ a(S_{\mathrm{m}}),\ a(S_{\mathrm{h}}),\ a(S_{\mathrm{f}}))$$

状态转换序列记为$(e_i(t_i),\ a_i(e_i(t_i)),\ e_{i+1}(t_{i+1}))$。

对应一个观测样本$<s_i(T_n),\ a_i(e_i(t_i)),\ s_i(T_{n+1}),\ w_i(T_n),\ \mu_i(T_n)>$，其中$w_i$

$(T_n)=T_{n+1}-T_n$ 表示相邻两次决策的时间间隔，则状态转移的即时回报为 $r(e_i(t_i),a_i(e_i(t_i)),e_{i+1}(t_{i+1}))$。

作业调度器的状态聚类 Q-learning 算法如算法 7 所示。

算法 7　状态聚类 Q-learning 算法

```
Initialize State aggregation φ: S_i→E_i
Initialize Q table
Error = 0
Repeat
   For each abstract state E_i do
      Update Q-value table
   End for
Until error<θ
```

（3）云计算仿真环境验证

开发了基于离散事件驱动的数值仿真器，实现了设计的基于强化学习的用户作业调度算法(Q-sch)，并与流行的静态作业调度算法(Equ-sch)、动态作业调度算法(Ran-sch)、混合作业调度算法(Mix-sch)等进行比较。

图 3-62 所示为用户作业到达率从 10 个/s 增加到 20 个/s，各种作业调度算法响应时间的比较结果。图 3-63 所示为作业服务率从 1 个/s 增加到 5 个/s，各种作业调度算法响应时间的比较结果，实验结果均证明设计算法优于对比算法。

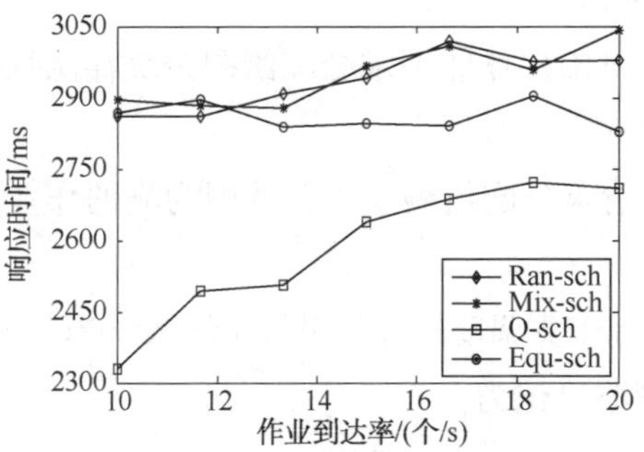

图 3-62　不同到达率下作业响应时间比较

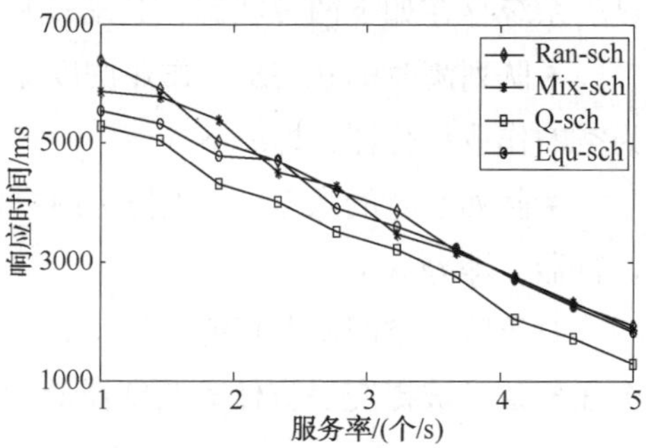

图 3-63　不同服务率下作业响应时间比较

图 3-64 为相同用户作业到达率和虚拟机服务率下，各种算法虚拟机资源利用率和负载均衡的差异。图 3-64 的实验结果还揭示了图 3-62 和图 3-63 实验结果的本质，即算法不仅能够提高虚拟机资源利用率，还实现了各虚拟机的负载均衡。

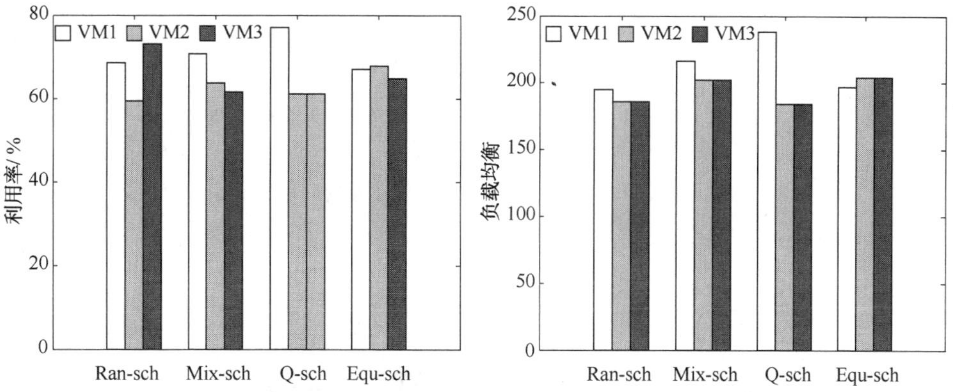

(a)虚拟机资源利用率比较　　(b)各虚拟机负载均衡比较

图 3-64　相同到达率和服务率下各虚拟机性能分析

图 3-65 为不同缓存大小(队列长度)对用户作业响应时间的影响，实验结果表明各种作业调度算法均对缓存大小(队列长度)不敏感。图 3-66 为用户作业响应时间随作业到达率和虚拟机服务率变化情况，实验结果表明用户作业响应时间随作业到达率增加和服务率降低呈指数增长趋势。该实验结果表明可从以下两个方面优化云环境性能：根据用户作业到达率动态调整系统资源，实现虚拟机服务率的自适应调整以避免违反服务等级协议；在确定的系统资源约束下，可以动态调整用户作业到达率，以实现降低作业响应时间，提高云计算服务质量。

(4) 云计算真实环境验证

根据用户作业到达情形和对响应要求的不同，在标准云计算测试环境 CloudSim 上分别进行在线作业调度和离线作业调度验证。在线作业调度为用户作业连续到达，要求作业调度算法具有实时响应和低的时间复杂度；离线作业调度为用户作业批到达，要求作业调度算法能够根据用户作业对系统资源的需求和系统运行状态进行优化调度。

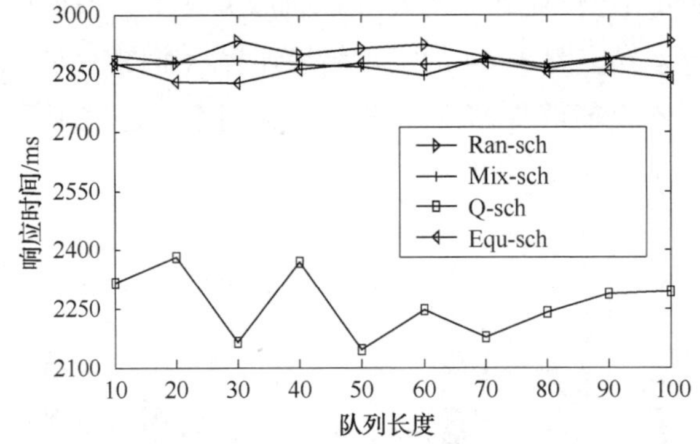

图 3-65 不同缓存下用户作业响应时间

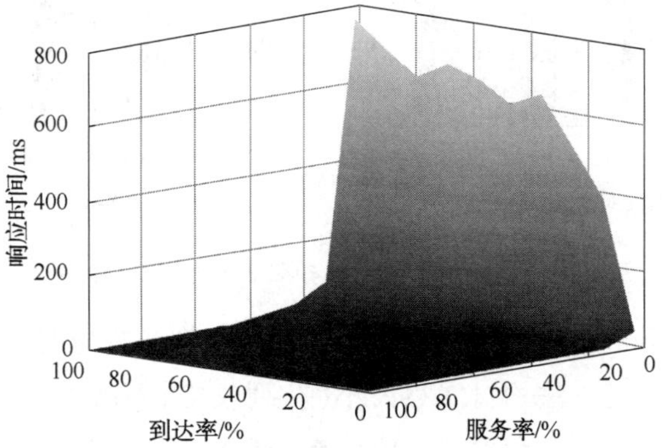

图 3-66 响应时间随到达率和服务率变化

图 3-67 为设计的基于强化学习的用户作业调度算法(Q-sch)，并与流行的先进先出作业调度算法(FIFO-sch)、公平作业调度算法(Fair-sch)、贪心作业调度算法(Greedy-sch)、随机作业调度算法(Ran-sch)等进行比较，选用平均响应时间作为衡量指标。从图 3-67 的实验结果可得到以下结论：首先在相同的云资源供给条件下，各种作业调度算法的平均响应时间均随着作业数量的增多而增大；其次各种作业调度算法的响应时间均随着作业数量的增多而逐渐趋向汇聚；最后证明算法优于对比算法。图 3-68 为设计的基于强化学习的用户作业调度算法(Q-sch)，并与流行的遗传作业调度算法(SGA-sch)、改进的遗传作业调度算法(MGA-sch)等进行比较，选用平均截止时间作为衡量指标。图 3-68 的实验结果同样证明算法的优越性。

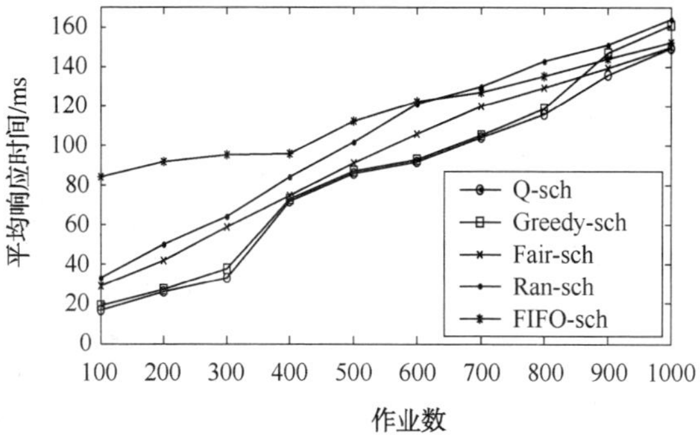

图 3-67 在线作业调度算法

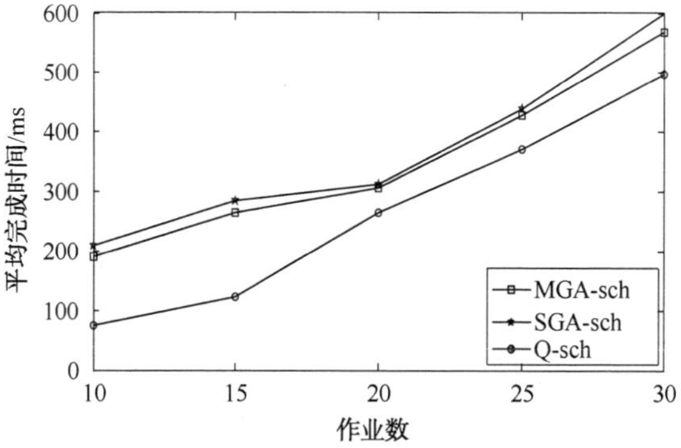

图 3-68 离线作业调度算法

2. 混合作业优化调度机制

针对虚拟机资源和服务等级协议约束下的云计算混合作业(计算密集型和数据密集型)优化调度问题，设计了一种新颖的云计算系统模型，包括虚拟化资源池、作业调度以及相应的接口等。通过分析该模型下的作业执行过程，设计了一种基于强化学习的混合作业调度算法，该算法以虚拟机资源和服务等级协议为约束条件，以平均等待时间和完成时间最小化为优化目标，并使用并行学习和知识迁移多智能体技术加速 Q 学习的收敛速度。仿真和真实云计算环境下的实验结果均证明了所提算法的有效性。

(1) 系统模型

图 3-69 所示的云计算体系结构包括作业调度器、以虚拟机簇为粒度的虚拟化云资源以及相应的接口。云用户通过终端用户与云计算环境的接口提交作业请

求，作业调度器则将用户作业调度到不同的虚拟机簇上执行。每个虚拟机簇运行着多台虚拟机实例，利用分配的计算资源，包括 CPU、内存和带宽为云用户提供服务。

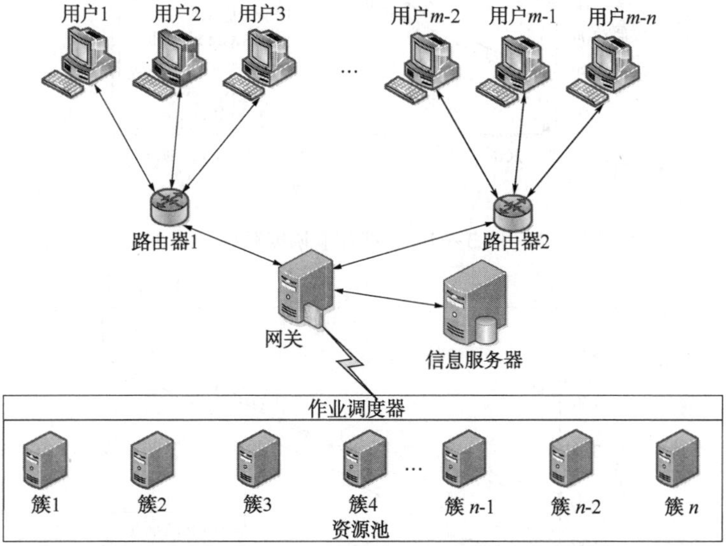

图 3-69　云计算体系结构

相关概念定义如下：

作业执行时间：若用户作业 job_i 分配到虚拟机 VM_j 中执行，则该用户作业的执行时间定义为：

$$EET(job_i, VM_j) = \frac{job_i.ini}{VM_j.proc} + \frac{job_i.fsize}{VM.bw} \tag{3-57}$$

作业完成时间：用户作业 job_i 的完成时间定义为：

$$CT(job_i, VM_j) = EET(job_i, VM_j) + VM_j.avai \tag{3-58}$$

为避免服务等级协议冲突，则作业完成时间和作业执行时间必须满足下列条件：

$$jud(job_i, VM_j) = \begin{cases} 1, \text{ if } CT(i, j) \leqslant VM_j.avai + EET(i, j) \\ 0, \text{ if } CT(i, j) > VM_j.avai + EET(i, j) \end{cases} \tag{3-59}$$

资源可用时间：$VM_j.avai = EET(job_i, VM_j) + VM_j.avai$

作业响应时间：$RT(job_i, VM_j) = finish(job_i, VM_j) - submit(job_i, VM_j)$

(2) 基于强化学习的混合作业优化调度机制

状态空间：云计算环境下的可用虚拟机定义为状态空间，则若 $jud(job_i,$

VM_j)的值为 1，表示该用户作业可被分配到此虚拟机上，反之则不能将当前用户作业分配到此虚拟机上。云计算环境下的混合作业调度问题满足马尔可夫性，状态转移满足图 3-70 所示的状态转移概率图。

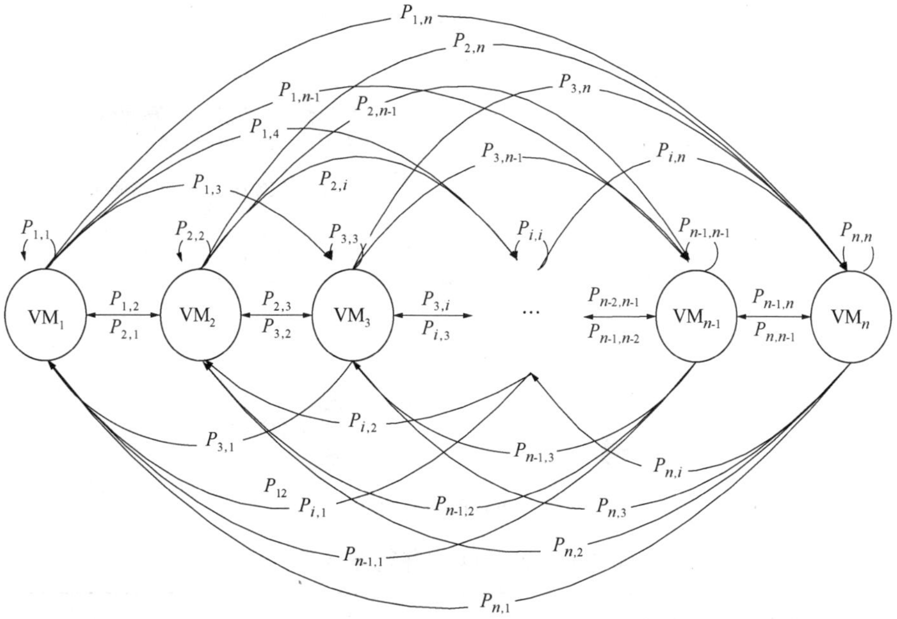

图 3-70　状态转移概率

动作空间：用户作业能否被分配到当前虚拟机定义为动作空间，该动作空间包含 2 个动作(0/1)，分别表示允许调度和不允许调度。

回报函数：不同作业调度算法之间的最重要的区别就在于回报函数的不同，设计的回报函数为

$$r(job_i,\ VM_j)=\frac{job_i.\ ini}{VM_j.\ proc}+\frac{job_i.fsize}{VM.\ bw} \tag{3-60}$$

目标函数：设计的目标函数为：

$$\underset{\{awt\}}{Min}\ \underset{\{mks\}}{Min}(Max(VM_i \mid VM_i \in S))$$
$$subject\ to \tag{3-61}$$
$$\sum_{j=1}^{m} VM_i^j \leqslant deadline$$

使用 Q 强化学习搜索最优作业调度策略，采用多智能体并行学习、簇间知识

迁移等技术加速最优策略的收敛速度，多智能体并行学习架构及算法分别如图 3-71和算法 8 所示。

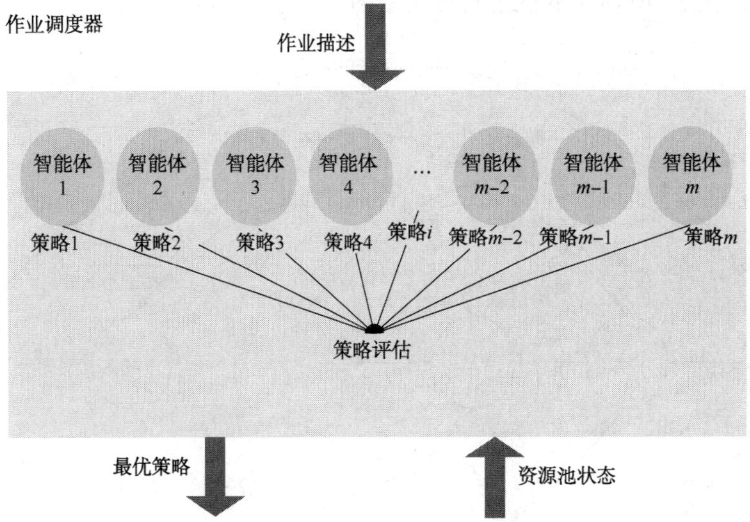

图 3-71　多智能体并行学习架构

算法 8　多智能体并行学习算法

```
Repeat(for each agent)
Initialize Q-value table
Initialize state space s
error=0
Repeat
    For each state s do
        a_t=get_ action(s_t) using ε-greedy policy
        For(step=1; step<LIMIT; step++)do
        Take action a_t observe r and s_{t+1}
        Q_t=Q_t+α*(r+γ*Q_{t+1}-Q_t)
        error=MAX(error | Q_t-Q_{previous-t})
        s_t=s_{t+1}, a_{t+1}=get_ action(s_t), a_t=a_{t+1}
    End for
```

```
    End for
Until error<θ
Policy estimate
Obtain optimal policy
```

(3) 云计算仿真环境验证

扩展了之前的基于事件驱动的 Matlab 云计算仿真环境，实现了虚拟化资源和服务等级协议约束下基于强化学习的混合作业调度算法，并与 Min-min、Max-min、Fast-fit、Best-fit 等算法进行比较，结果如下：

统计性能比较：以 1000 次试验下的云作业完成时间为统计性能指标，结果如图 3-72 所示。

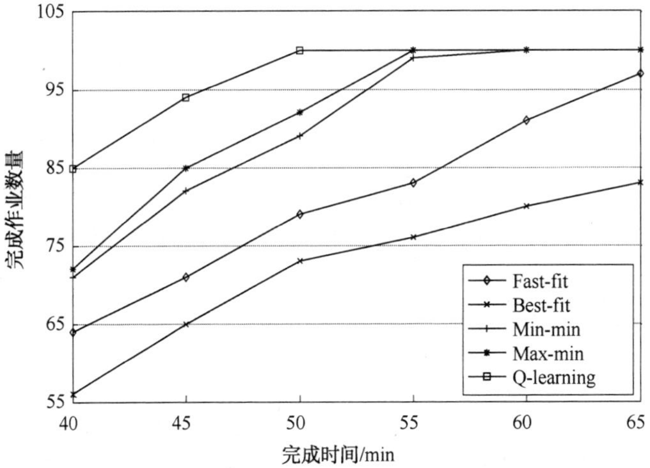

图 3-72 虚拟机资源和服务等级协议约束下的完成作业数仿真实验比较实验结果

实验中服务等级协议约束为规定时间内完成的作业数目，时间范围从 40min 增加到 65min，以 5min 为增长步长，各种作业调度算法随着时间约束的增加，完成的作业数目随之增加，当时间增加到 55min 时，Min-min、Max-min 算法逐渐达到了与本算法近似的完成作业数目。

结合实验结果进一步证明了本算法的优越性，算法的作业完成时间

(Makespan)均优于对比算法，同时在完成用户作业数目近似的情况下，设计的算法的平均等待时间(AWT)优于 Min-min、Max-min 等算法，如表 3-8 所示。

表 3-8　不同作业调度算法下各虚拟机统计性能比较

	策略	截止时间/min				
		40	45	50	55	60
作业完成时间	Fast-fit	59.58	68.37	76.07	76.07	76.07
	Best-fit	59.92	69.92	79.87	89.92	99.87
	Min-min	60	69.85	89.75	99.25	108.75
	Max-min	55.33	70	89.66	99.50	107.16
	Proposed	52.33	52.37	57.37	53.61	54.66
平均等待时间	Fast-fit	24.24	29.43	31.65	31.65	31.65
	Best-fit	24.59	30.42	32.55	37.97	40.72
	Min-min	56.13	48.99	61.92	51.03	44.31
	Max-min	57.44	50.88	64.20	65.56	71.47
	Proposed	46.00	46.68	46.12	46.24	46.70

运行时性能比较：为了深入分析以上的实验结果，抓取截止时间(deadline)为 55min 时各虚拟机的实时运行状态，实验结果如图 3-73 所示。

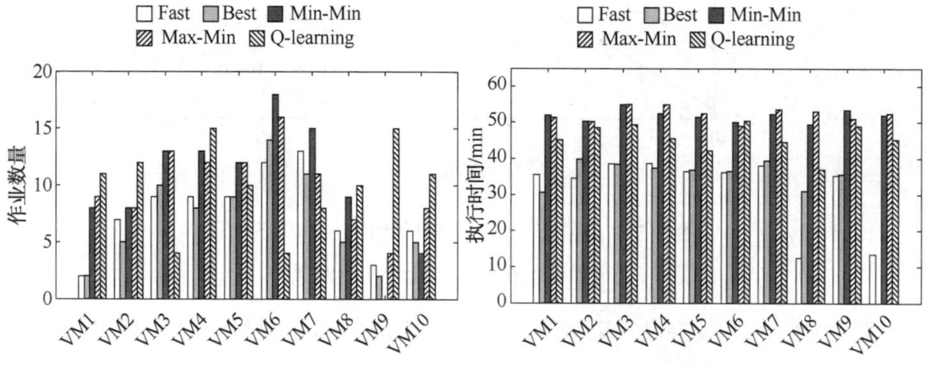

(a)各虚拟机完成用户作业数目比较　　(b)各虚拟机执行时间比较

图 3-73　截止时间为 55min 时各虚拟机运行状态比较

图 3-73 揭示了各作业调度算法下不同虚拟机实时运行状况，对应实验结果表明所提算法能够根据各虚拟机性能的不同进行合理的作业调度，从而提高了各

虚拟机的资源利用率。

(4) 云计算真实环境验证

选择 Greedy、Fair、Rand 等算法进行性能比较，实验结果如图 3-73 所示。

从图 3-74 所示的实验结果可直观观测到设计算法在作业完成时间(Makespan)和平均等待时间(AWT)两个指标下各虚拟机间的实时状态，表 3-9 的分析进一步证明在这两个指标下，本算法在这两个指标的方差最小。

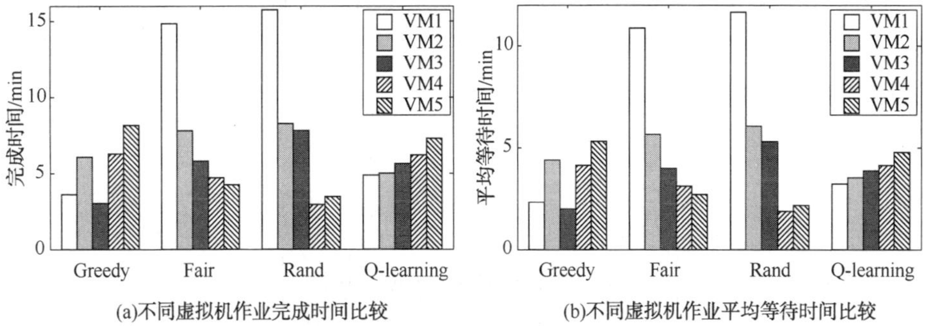

图 3-74 云计算环境下各作业调度算法性能比较

表 3-9 不同作业调度算法下各虚拟机完成时间和平均等待时间比较

	策略	虚拟机(VM)					方差
		1	2	3	4	5	
作业完成时间	Fair	14.84	7.79	5.80	4.70	4.26	18.79
	Rand	15.74	8.25	7.81	2.93	3.48	26.37
	Greedy	3.61	6.08	2.99	6.29	8.16	4.47
	Proposed	4.88	4.99	5.65	6.20	7.30	0.98
平均等待时间	Fair	10.85	5.65	3.99	3.11	2.72	11.02
	Rand	11.65	6.06	5.31	1.88	2.16	15.59
	Greedy	2.32	4.39	1.99	4.14	5.31	2.01
	Proposed	3.22	3.53	3.88	4.13	4.78	0.35

3. 多工作流优化调度机制

针对云计算环境中不同时刻提交的多优先级工作流调度问题，设计了一种基于强化学习的多工作流作业优化调度算法。该算法结合有向无环图的关键路径进行状态聚类以降低状态空间的维度，并通过设计的一种任务优先级动态调整策略，使得任务优先级不仅可根据云工作流类型和服务质量进行初始设置，而且可在任务调度时刻进行动态调整。实验结果表明所设计算法不仅能解决不同时刻提交的多优先级工作流作业调度的公平性问题，而且能确保高优先级作业在执行过程中不被低优先级作业打断，有效提高了资源的利用率。

（1）云工作流作业调度模型

该系统模型如图 3-75 所示，主要包括资源评估、资源获取模块、调度模块以及作业管理等部分。该模型中用户定义和描述工作流、截止时间和资源约束，然后提交执行。

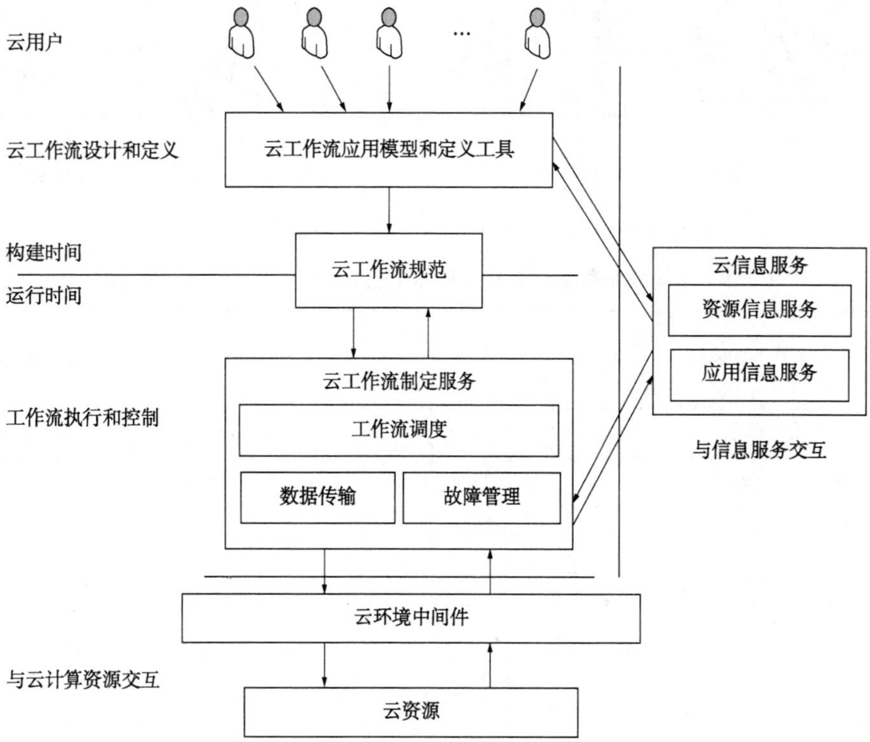

图 3-75　多工作流调度系统模型

（2）多工作流调度机制

基于图 3-75 所示的系统模型，设计基于强化学习的多工作流调度机制，相关概念定义如下：

状态空间：使用五元组 $S=(WR, RA, AW, IM, PJ)$ 表示状态空间，其中 WR 为工作流作业的工作量；RA 为云资源的可用时间；AW 为等待队列中的总工作量；IM 为虚拟机空闲时间；PJ 为不同用户提交作业的比例。

动作空间：动作空间包括待调度的工作流和请求的资源两个动作。

回报函数：设计回报函数如下：

$$R_e=\lambda_e W+(1-\lambda_e)U \tag{3-62}$$

上式中，$\lambda_e\in[0, 1]$为控制系数，W 为工作流响应率，U 为资源效用指标，W 和 U 的定义分别如下：

$$W_{v_i}=\frac{execution\ \ time_{v_i}}{execution\ \ time_{v_i}+waiting\ \ time_{v_i}} \tag{3-63}$$

$$U_n=\frac{f_n}{\sum_{k=0}^{n}P_k(T_{k+1}-T_k)} \tag{3-64}$$

为及时获取回报函数中的各参数，设计多智能体监测机制，包括 perception-agent 和 resource-agent，每个虚拟机中各设一个，其中 perception-agent 负责监测虚拟机簇中各虚拟机的性能指标，并进行工作流信息预测（包括工作流剩余执行时间、平均等待时间、资源可用时间等）；resource-agent 负责监测虚拟机簇中各虚拟机的资源占用情况（CPU、内容和带宽利用率等）。该多智能体组织结构如图 3-76所示。

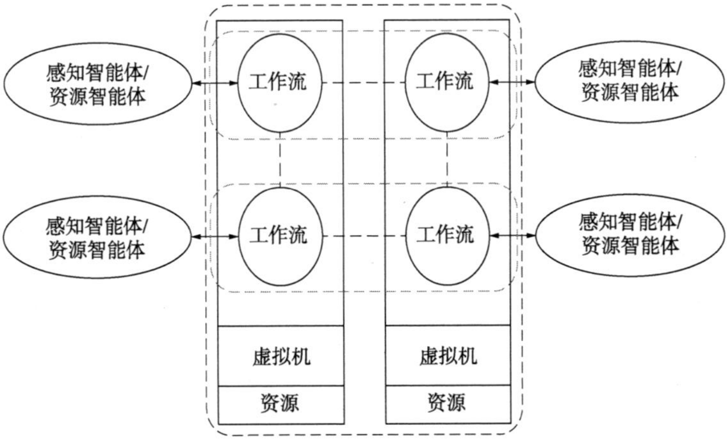

图 3-76　多智能体组织结构

设计的多工作流优化调度机制如算法 9 和算法 10 所示。

算法 9　基于强化学习的单 DAG 云工作流调度算法

1：	Partition workflow by the task implementation progress and state aggregation
2：	Estimate the execution time of each stage.
3：	Decompose cloud workflow and task queue. Workflow partition results are queued by the execution order.
4：	Set up priority. Set each workflow partition results priority according to the execution time and SLA constraint.
5：	Single cloud workflow scheduling using basic Q-learning algorithm.

算法 10　基于强化学习的多 DAG 云工作流调度算法

1：	For each cloud workflow, decompose and estimate each DAG by using algorithm 8.
2：	Set priority according to each DAG and SLA constraint.
3：	Task queue. Multiple workflow partition results are queued by the execution order.
4：	Multiple cloud workflow scheduling using basic Q-learning algorithm.

算法 9 中涉及的工作流分解和优先级设置如下所述。

(3) 基于有向无环图关键路径的状态聚类

以如图 3-77 所示的某云工作流为例，基于有向无环图关键路径的状态聚类过程如下：

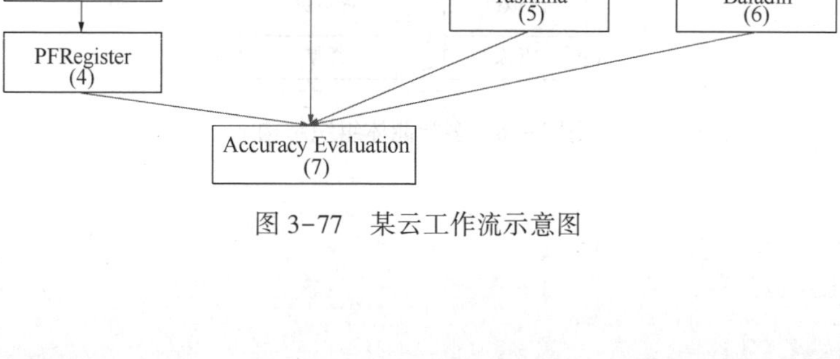

图 3-77　某云工作流示意图

步骤1：根据图3-77所示云工作流中各任务的执行路径，可得到(a)～(b)5条路径，如表3-10所示。

表3-10 工作流执行路径

序号	路径
(a)	任务1→任务3→任务4→任务7
(b)	任务1→任务2→任务3→任务4→任务7
(c)	任务1→任务2→任务7
(d)	任务1→任务2→任务5→任务7
(e)	任务1→任务2→任务6→任务7

步骤2：通过分析表3-10中的各条路径可发现，路径(b)(c)(d)和(e)都需要经过任务1和任务2，则该云工作流执行路径可进一步归纳为如表3-11所示路径。定义任务1和任务2之间的路径为本工作流关键路径，该关键路径的执行结果可被路径(b)(c)(d)和(e)共享，从而实现状态空间的聚类；同时根据表3-11所示的结果，任务3与任务4的执行过程中，可通过优先级设置并行执行任务5和任务6，实现互不干扰作业的公平调度。同理，任务3和任务4之间的路径也是本工作流的关键路径，执行结果可被路径(a)和(b)共享。

表3-11 归纳后的作业流执行路径

<table>
<tr><th>序号</th><th colspan="5">路径</th></tr>
<tr><td>(a)</td><td rowspan="5">任务1→</td><td>—</td><td rowspan="2">任务3→</td><td rowspan="2">任务4→</td><td rowspan="5">任务7</td></tr>
<tr><td>(b)</td><td rowspan="4">任务2→</td></tr>
<tr><td>(c)</td><td colspan="2">—</td></tr>
<tr><td>(d)</td><td colspan="2">任务5→</td></tr>
<tr><td>(e)</td><td colspan="2">任务6→</td></tr>
</table>

(4) 优先级划分和动态调整

设任务 v_i 和 v_j 具有依赖关系，且任务 v_j 的运行直接依赖于任务 v_i 的运行结果，则考虑计算与通信总体消耗的任务初始优先级表示为：

$$rank(v_i)=\overline{w(v_i)}+\max_{j\in succ(v_i)}\{\overline{c(e_{ij})}+rank(v_j)\} \tag{3-65}$$

式(3-65)中，$\overline{w(v_i)}$ 表示任务 v_i 在当前簇内所有可用虚拟化资源上的平均执行代价；$\overline{c(e_{ij})}$表示任务 v_i 和 v_j 之间的平均通信代价；任务 v_i 的优先级是其直接后继任务优先级与相应通信代价之和的最大值加上自身的计算代价。由于所有任务的优先级都是从出口任务向上遍历任务图，因此出口任务优先级可表示为：

$$rank(v_{exit}) = w(v_{exit}) \tag{3-66}$$

任务在缓存队列等待过程中，可能会由于用户需求、新工作流提交、虚拟机簇内资源增减等外部环境因素的改变而导致违反服务等级协议。因此，在云工作流任务执行过程中，需对初始设置的优先级进行动态调整，公式如下：

$$rank(v_i)' = \overline{w(v_i)'} + \max_{j \in succ(v_i)} \{\overline{c(e_{ij})'} + rank(v_j)'\} + v_i^{SLA} \tag{3-67}$$

式(3-67)中，v_i^{SLA} 为紧急因子，表示当前任务 v_i 在执行中随外部环境因素改变而导致违反服务等级协议的紧迫程度。这一举措有效地避免先前有向无环图因剩余任务迟迟得不到调度而导致时间跨度增大的问题。

（5）云计算环境验证

选用 WorkflowSim 环境进行算法验证，图 3-78 为设计的基于强化学习的用户作业调度算法 Q-learning，并与当前流行的作业调度算法 Min-min、Max-min、Fast-fit、Best-fit 等进行比较的结果，选用完成作业数目和作业执行时间两个性能指标进行算法性能衡量。

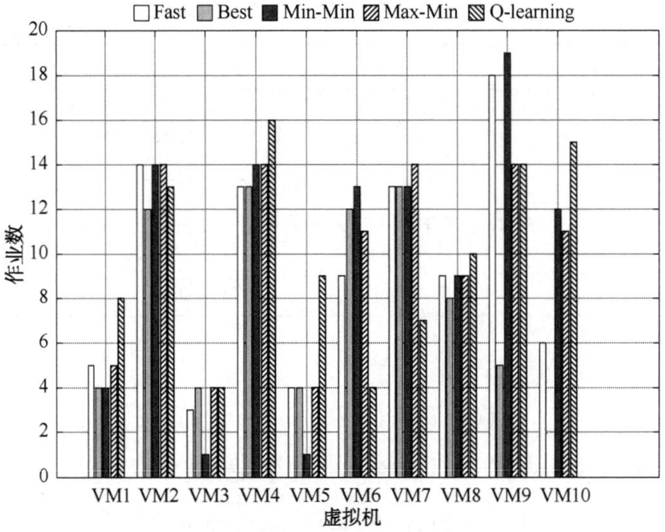

(a)各虚拟机间作业完成数目的比较

图 3-78　不同作业调度算法下各虚拟机性能比较结果

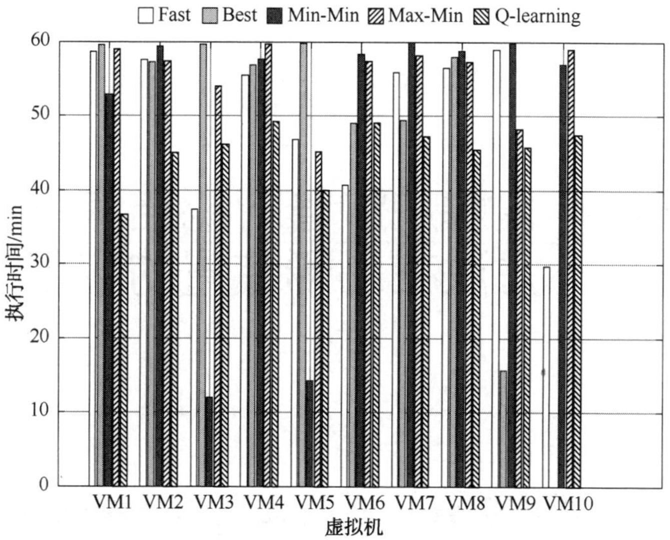

(b)各虚拟机间执行时间的比较

图 3-78　不同作业调度算法下各虚拟机性能比较结果(续)

选用作业完成时间和平均等待时间两个性能指标，并随机抓取一次作业执行进行分析，实验结果如表 3-12 所示。从表 3-12 的实验结果可见，算法在作业完成时间和平均等待时间两个性能指标下实现了各虚拟机的均衡(两个性能指标的方差均最小)。

表 3-12　各虚拟机完成时间和平均等待时间比较结果

	策略	虚拟机										方差
		1	2	3	4	5	6	7	8	9	10	
完成时间	Fast-fit	58.70	57.57	37.33	55.50	46.80	40.66	55.86	56.50	58.96	29.66	110.10
	Best-fit	59.60	57.28	59.66	56.83	59.80	49.00	49.43	58.00	15.67	0	444.91
	Min-min	52.90	59.33	12.00	57.66	14.30	58.33	59.96	58.80	59.78	57.00	361.54
	Max-min	59.00	57.33	54.00	59.66	45.10	57.33	58.16	57.30	48.21	59.00	24.71
	Proposed	36.61	45.00	46.11	49.16	39.90	49.00	47.25	45.46	45.67	47.41	15.79
平均等待时间	Fast-fit	23.26	37.86	7.00	7.32	3.83	14.66	25.34	2.87	34.63	29.74	173.58
	Best-fit	45.20	40.68	28.61	23.64	30.61	39.27	40.91	65.27	37.66	0	143.87
	Min-min	13.22	4.23	0	4.11	0	4.48	4.61	6.53	3.14	4.75	13.65
	Max-min	11.80	4.09	13.50	4.26	11.27	5.21	4.15	6.36	3.44	5.36	14.05
	Propo-sed	4.57	3.46	11.52	3.07	4.43	12.25	6.75	4.54	3.26	3.16	11.82

第四章 裂解炉炉管智能结焦程度诊断方法在乙烯装置的应用

4.1 乙烯裂解炉炉管智能健康监测系统的架构

乙烯裂解炉炉管智能健康监测系统的框架如图 4-1 所示。从图中可以看出，智能健康监测系统主要由乙烯裂解炉、智能测温仪、数采系统、模型训练机、炉管健康监测软件六部分构成。

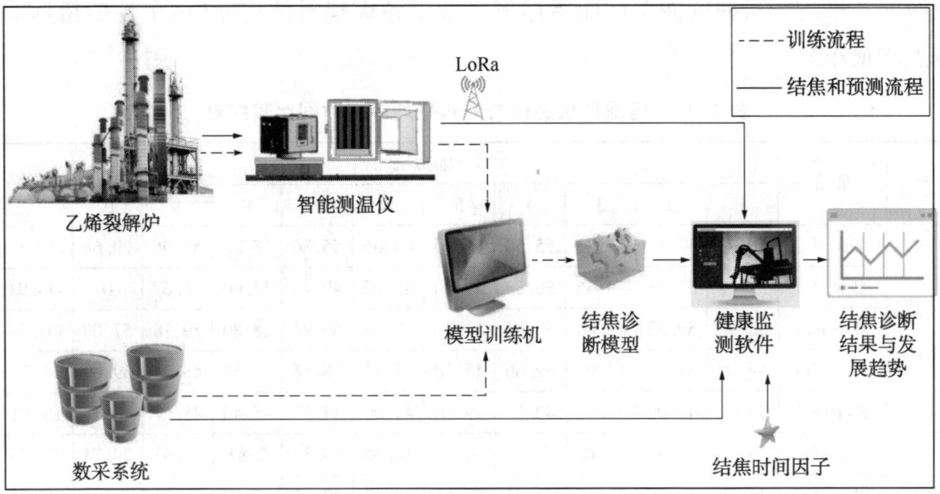

图 4-1 乙烯裂解炉炉管智能健康监测系统的框架

其中，乙烯裂解炉是炉管温度数据的采集源，智能测温仪是炉管温度的采集设备，数采系统用于与炉管结焦相关的压力数据的采集，模型训练机用于训练结焦诊断模型，健康监测软件则是运用训练模型及采集数据对炉管健康进行诊断与分析，并将诊断分析结果以图表的形式呈现给用户。

4.2　乙烯裂解炉炉管结焦诊断与预测方法用于智能健康监测系统的步骤

将乙烯裂解炉炉管智能结焦诊断与预测方法应用于智能健康监测系统，其具体应用的流程主要有：裂解炉炉管结焦相关数据的采集、结焦相关数据预处理、结焦诊断推理系统训练、炉管结焦诊断与预测。

4.2.1　裂解炉炉管结焦相关数据的采集

用于结焦诊断模型训练的数据均实际采集于前述的某特大型国有乙烯厂，采集的数据包括每根裂解炉炉管对应的外表面温度、横跨段压力、文丘里压力、炉管出口温度和裂解炉炉管的结焦程度。

（1）炉管外表面温度的采集

裂解炉炉管外表面温度通过运行于乙烯裂解炉现场的智能测温仪器采集得到，智能测温仪的整体实物图和实际现场采集图如图 4-2 所示，采集的数据通过 LoRa 无线通信模式传输到模型训练机和炉管健康监测软件。

图 4-2　智能测温仪实物图和炉管外表面温度现场采集图

（2）其他数据的采集

用于炉管结焦诊断模型训练和炉管结焦诊断与预测的横跨段压力、文丘里压力和炉管出口温度均由模型训练机和炉管健康监测软件通过读取石化乙烯厂的数采系统实时采集得到，炉管健康监测软件界面和由软件读取到的数据界面如图 4-3所示；裂解炉炉管结焦程度的数据通过裂解技术人员手工标记得到。

(a)软件主界面

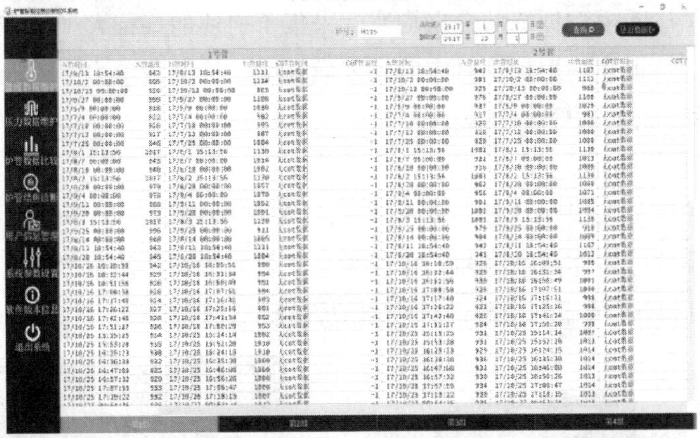

(b)温度数据采集界面

(c)压力数据采集界面

图 4-3　炉管健康监测软件界面和由软件读取到的数据界面

4.2.2　结焦相关数据预处理

（1）裂解炉炉管外表面温度提取

智能测温仪采集的原始温度数据包含裂解炉炉管外表面温度和裂解炉炉壁温度两部分，这两种温度之间的差异通常较小、分界不明显，通过设定阈值的方式很难将炉管外表面温度提取出来。然而由激光测距探头采集得到的炉管距离和炉壁距离数据之间却存在着明显的分界差异，如图 4-4 所示，而且红外测温仪测量温度和距离的过程是同步的。

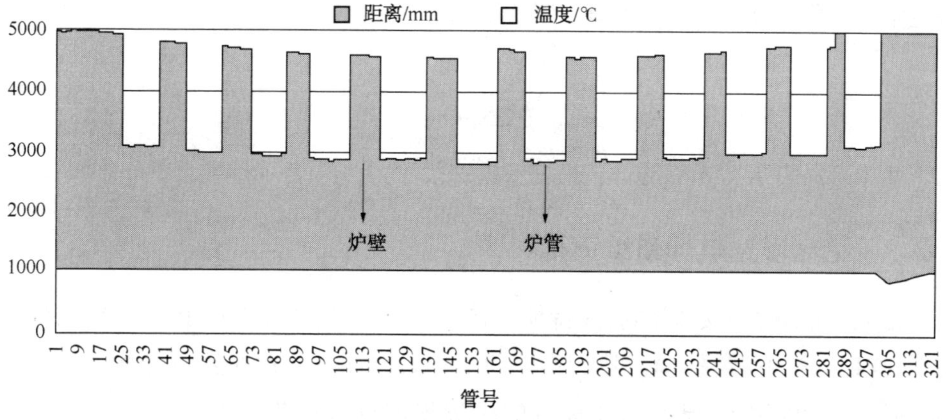

图 4-4　结焦诊断推理系统的框架

所以，炉管外表面温度提取的具体方法为：

假设 $T_o=\{a_1,\ a_2,\ \cdots,\ a_n\}$ 为采集得到的原始温度数据，a_n 为第 n 个温度值，$D_o=\{b_1,\ b_2,\ \cdots,\ b_n\}$ 为采集得到的原始距离数据，b_n 为第 n 个距离值。假设 b_{div} 为炉管距离和炉壁距离数据的分界阈值，则由下式可得到第 k 根炉管的数据在原始距离数据中的起始坐标。

$$\begin{cases} P_{start}=\{i_1,\ i_2,\ \cdots,\ i_k,\ \cdots,\ i_m\} & ,\ b_{i_k+1}<b_{div}<b_{i_k-1} \\ P_{end}=\{j_1,\ j_2,\ \cdots,\ j_k,\ \cdots,\ j_m\} & ,\ b_{j_k-1}<b_{div}<b_{j_k+1} \end{cases},\ k=1,\ 2,\ \cdots,\ m \tag{4-1}$$

式中：m 表示采集数据中炉管的数目，i_k、j_k 的取值范围为$[1,\ n]$。

得到第 k 根炉管的数据在原始距离数据中的起始坐标后，再将其映射到原始温度数据中，即可提取得到第 k 根炉管的外表面温度数据集合。

假设提取得到的第 k 根裂解炉炉管的外表面温度数据集合为 $T_k=\{a'_1, a'_2, \cdots, a'_n\}$，$a'_n$为第 n 个外表面温度数据值，则根据式(4-2)计算得到第 k 根裂解炉炉管外表面温度的终值。

$$TMT=\frac{sum(a'_1,\ a'_2,\ \cdots,\ a'_n)}{length(T_k)} \tag{4-2}$$

(2) 绝压比的计算

在裂解生产乙烯过程中，裂解技术人员通常将绝压比作为判断裂解炉炉管运行正常与否的一项指标，其具体计算公式如下所示：

$$K_{\mathrm{APR}}=\frac{p_{\mathrm{w}}+p_{\mathrm{a}}}{p_{\mathrm{h}}+p_{\mathrm{a}}} \tag{4-3}$$

式中：p_{w}表示文丘里压力；p_{h}表示横跨段压力；p_{a} 表示标准大气压强。

4.2.3 结焦诊断推理系统训练

首先，根据训练数据的组成特征，在模型训练机中构建基于 ANFIS 的结焦诊断推理系统的网络结构；然后将处理得到的裂解炉炉管外表面温度、绝压比样本数据、炉管出口温度以及标定的结焦程度输入结焦诊断推理系统进行训练。在训练过程中，利用 ABC 算法对结焦诊断推理系统的结构参数的最优解进行搜索，当搜寻解的收益率不再提高或者搜索轮次大于预设范围，则终止搜索过程，得到参数的最优解。通过训练结焦诊断推理系统，最终得到炉管结焦诊断模型。

4.2.4 炉管结焦程度诊断与预测

(1) 结焦诊断

当裂解炉炉管结焦诊断模型训练完成后，将其生成的结焦诊断模型内置于炉管健康监测软件，然后健康监测软件通过将实时采集的炉管外表面温度、横跨段压力、文丘里压力和炉管出口温度数据输入到结焦诊断模型中，即可实现裂解炉炉管结焦程度的实时诊断。炉管健康监测软件中炉管结焦诊断的界面如图 4-5 所示。

（2）结焦趋势预测

同样，炉管健康监测软件利用内置的结焦诊断模型，结合根据本文提出的结焦时间因子及当前炉管运行周期内外表面温度、横跨段压力和文丘里压力和炉管出口温度的历史数据，即可对裂解炉炉管在未来一段时期内的结焦程度发展趋势进行预测，起到炉管清焦预警和效能防护的作用。炉管健康监测软件中炉管结焦程度预测的界面如图 4-6 所示。

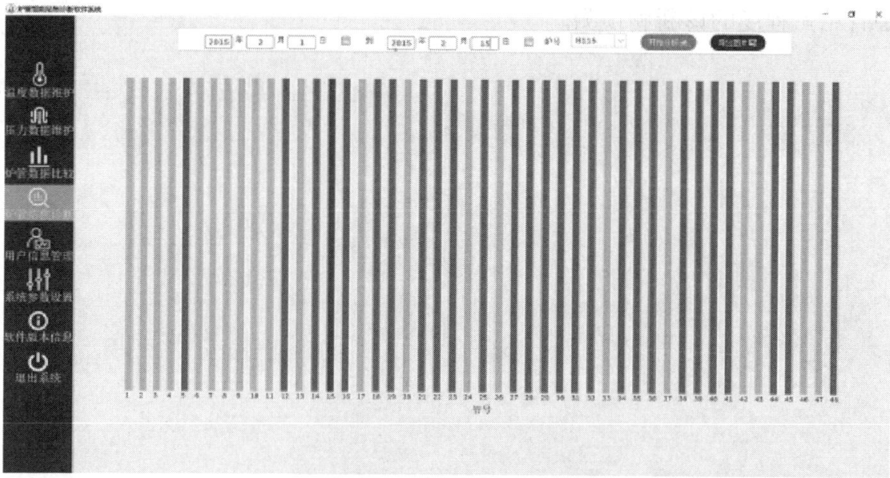

图 4-5 炉管结焦程度诊断界面

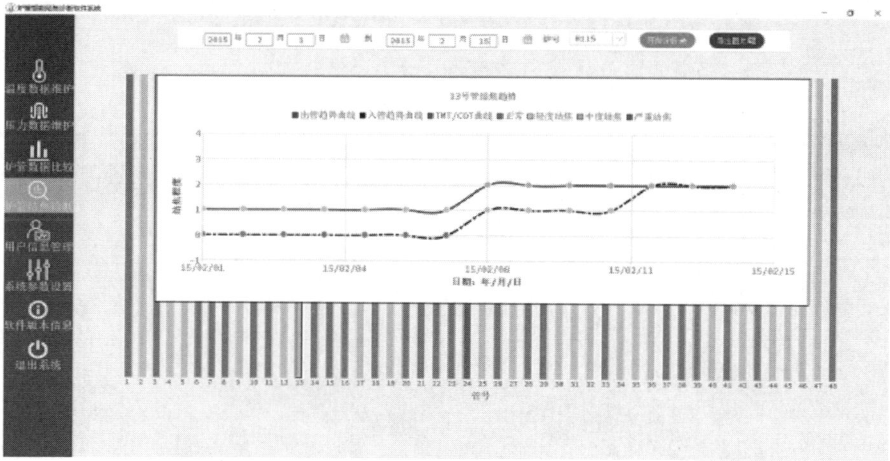

图 4-6 炉管结焦程度预测界面

4.3 小结

本章主要从应用系统架构和软件界面两个方面介绍了裂解炉炉管智能结焦程度诊断方法在乙烯裂解工业的应用。①介绍了乙烯裂解炉炉管智能健康监测系统的整体框架；②介绍了如何通过智能测温仪和炉管健康监测软件采集炉管结焦相关数据；③介绍了数据应用前的预处理步骤；④介绍了应用炉管健康监测软件实现炉管结焦程度的诊断和预测。

附录1 云环境下石油化工业高温炉管智能监测虚拟仿真实验软件用户手册

一、系统简介

本系统是针对实验课程配套开发的可在网上开展基于B/S架构的虚拟实验教学系统，系统由课程实验仿真平台和虚拟实验教学管理系统两部分组成。仿真平台采用虚拟技术仿真实验中用到的器材和设备，提供与真实实验相似的实验环境；虚拟实验教学管理系统提供全方位的虚拟实验教学辅助功能，包括：实验前的预习、实验的开课管理、典型实验库的维护、实验教学安排、实验过程的指导、实验结果的批改、实验成绩统计查询等功能，为实验教学环境提供服务并开展应用，可满足“云环境下石化工业高温炉管智能监测”课程实验教学环节的需要，尤其适用于远程教学。

二、实验步骤

步骤 1：打开实验平台，点击开始实验按钮。

步骤 2：选择学习或者考核模式。

步骤3：等待加载完进入实验准备场景，阅读实验须知、实验原理、场景认知及入场须知等相关材料，填写入场许可内的人数，点击确定。

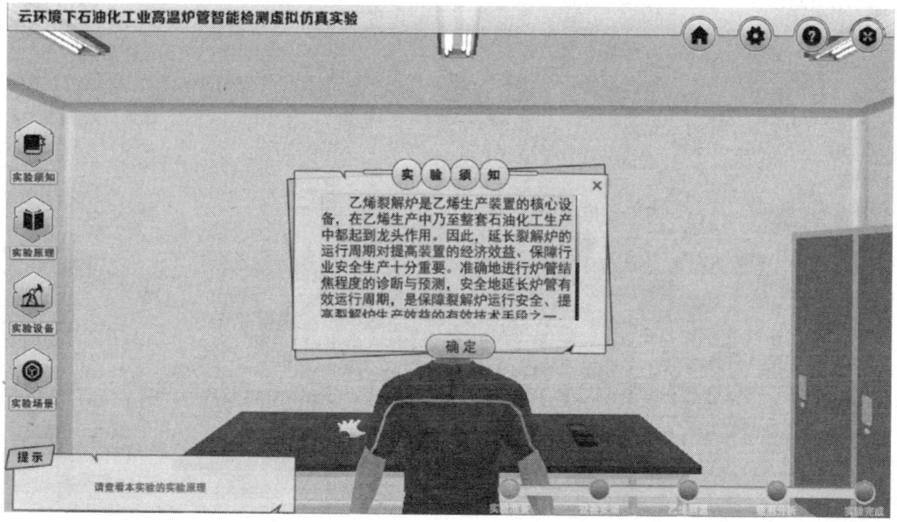

步骤4：根据高亮显示，点击衣柜打开衣柜，规范着装，依次点击穿戴车间服、安全帽、护目镜和手套。

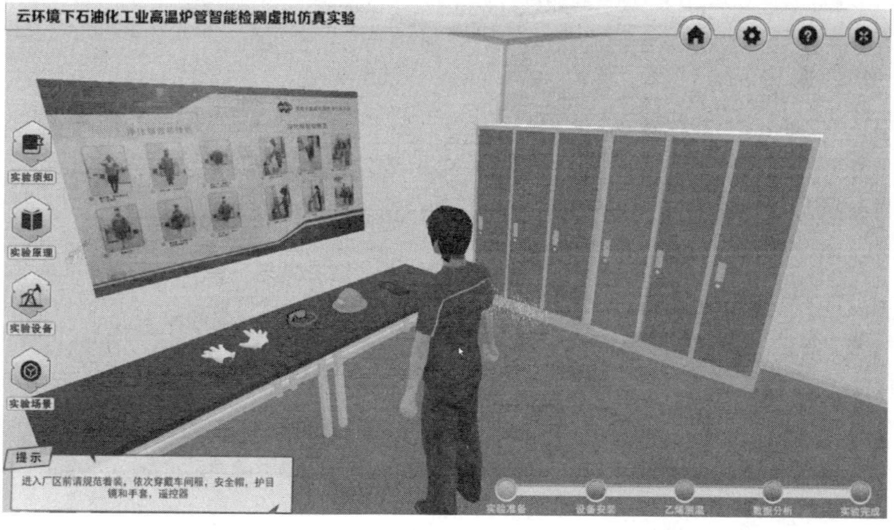

步骤 5：进入厂区前请安装智能测温仪的各部分组件，根据高亮显示依次点击桌面摆放的器件。

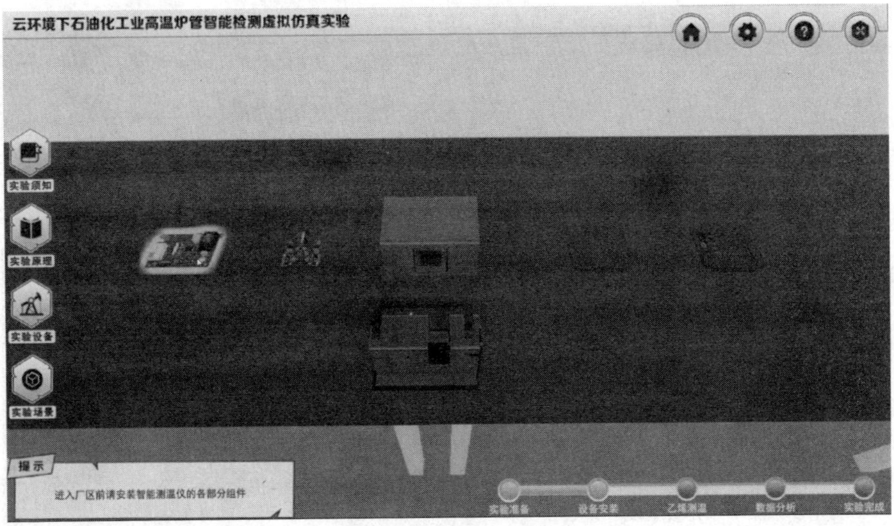

步骤 6：组装完后即可通过鼠标右键转动视角，通过键盘 WASD 键控制人物走出实验准备间。

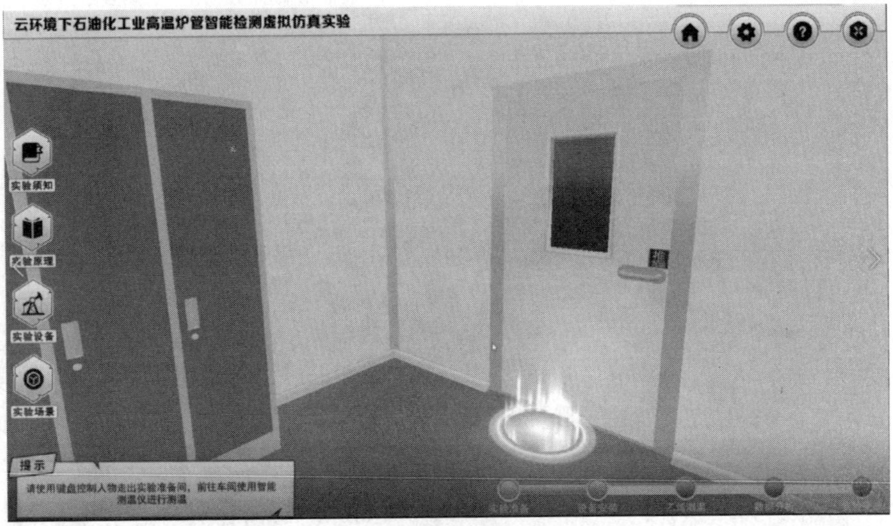

步骤7：进入场景后，点击高亮显示的轨道，选择设备进行安装并翻开驱动台的保护箱罩。

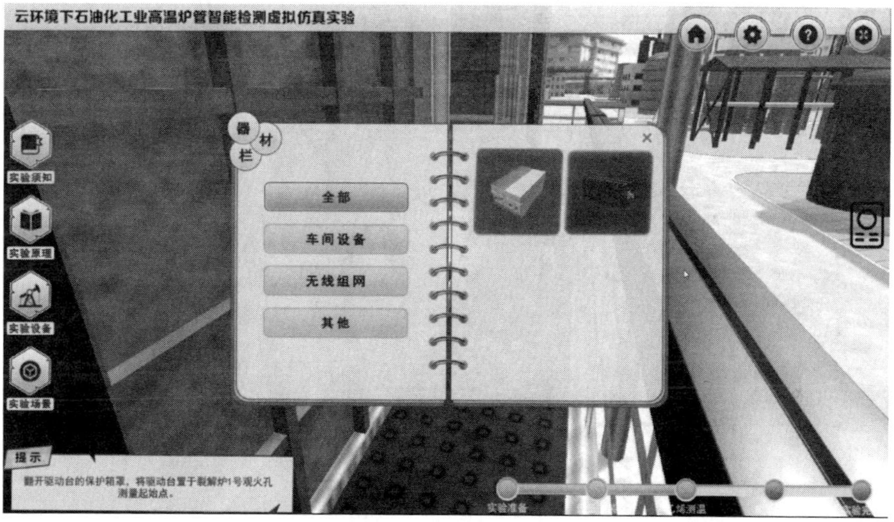

步骤8：将智能测温仪底板缺口方向对准驱动台连接底座插销方向，小心放下，锁好插销。

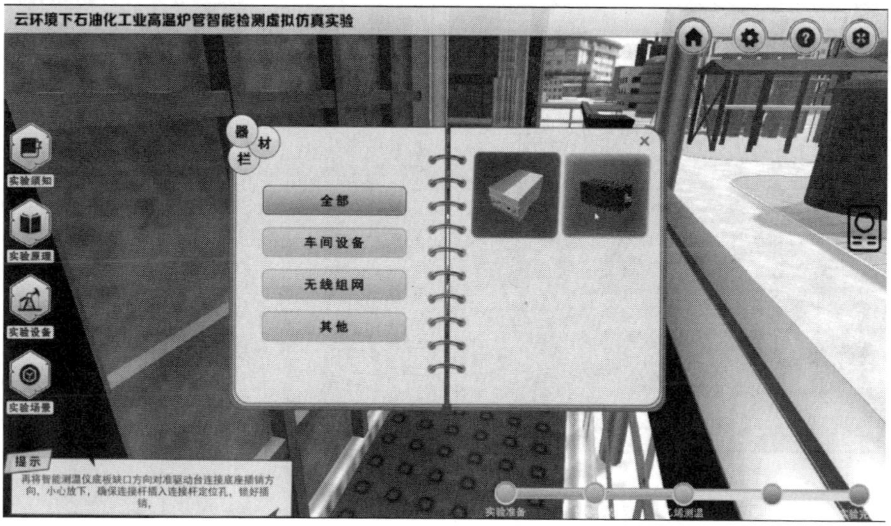

步骤 9：打开观火孔窗门。

步骤 10：开启测温仪电源，进行设备初始化。

步骤 11：点击屏幕右侧的遥控器，旋转遥控器，打开遥控器侧面的电源。

步骤 12：选择直接测试选项准备对该炉管进行测试。

步骤 13：进入二级菜单，在测试前请先进行通信检测。

步骤 14：遥控器显示通信异常，表示遥控器、测温仪、车间上位机之间通信线路存在问题，接下来请关闭仪器重新初始化。

步骤 15：用鼠标右键拖动旋转遥控器，找到侧面的开关，关闭电源，再关闭测温仪的电源。

步骤 16：然后重新启动测温仪，进行设备初始化。

步骤 17：再次开启遥控器电源，选择直接测量，再选择通信检测，可以看到“通信正常”，然后返回上一层进行下一步。

步骤 18：通过遥控器的上下按键，选择开始检测，点击确定，选择炉号，点击确定，进行测温，测量成功后，进行下一个炉管号的测温。

步骤 19：实验中对于所有炉管的智能测温操作流程都相同，此处省略其余 6 个炉管的测温过程，点击确定进入下一步。

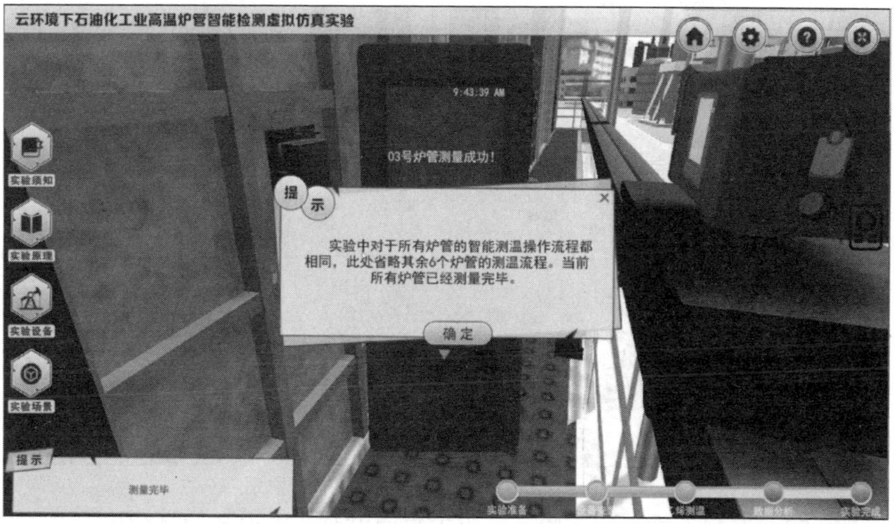

步骤 20：关闭测温仪和遥控器。

步骤 21：合上驱动台的保护箱罩，将驱动台移动到起始点。

步骤 22：控制人物走回实验室，点击桌面电脑，查看各炉号数据。

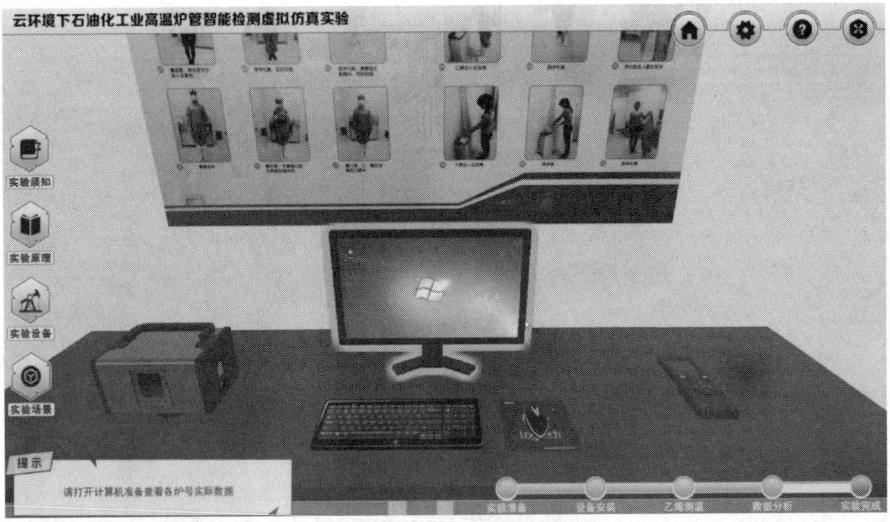

步骤23：点击电脑屏幕的接收状态，看到“数据接收失败”，点击确定，回到桌面，点击遥控器。

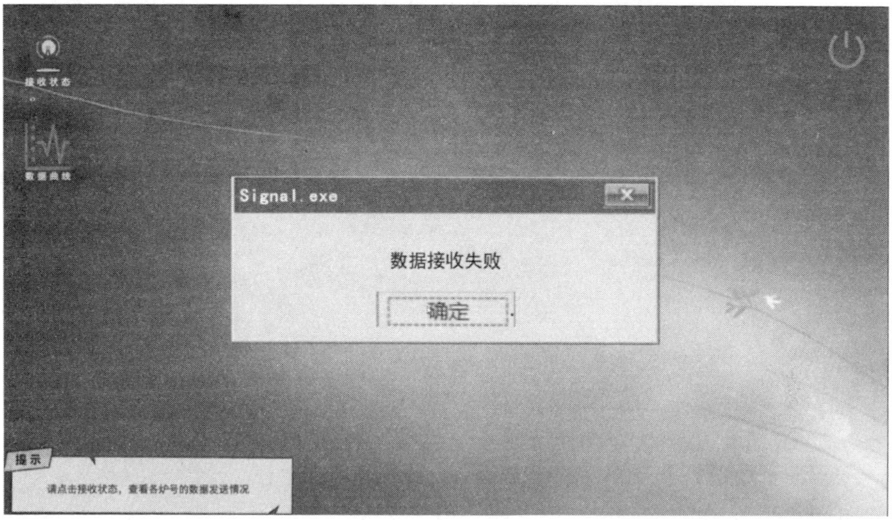

步骤24：打开遥控器电源，选择备份数据，点击确定，选择发送数据，发送成功后，点击电脑，再次点击接受状态，可以看到“数据接收成功”。

步骤 25：然后点击数据曲线，打开相关界面。

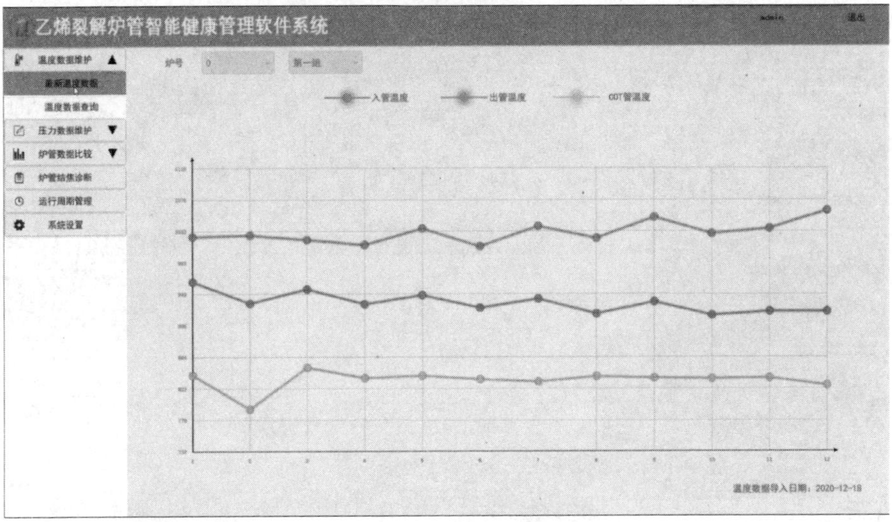

步骤 26：选择炉号，查看入管温度、出管温度和 COT 曲线，再点击温度数据查询，查看数据。

步骤 27：点击压力数据维护，点击文丘里数据管理及横跨段数据管理。

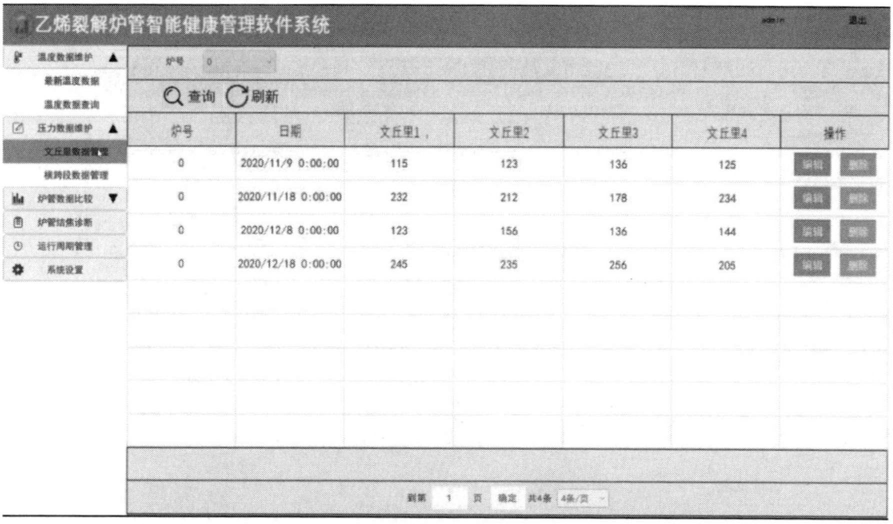

步骤 28：点击炉管数据比较及压力数据比较，分别选择管号进行对比。

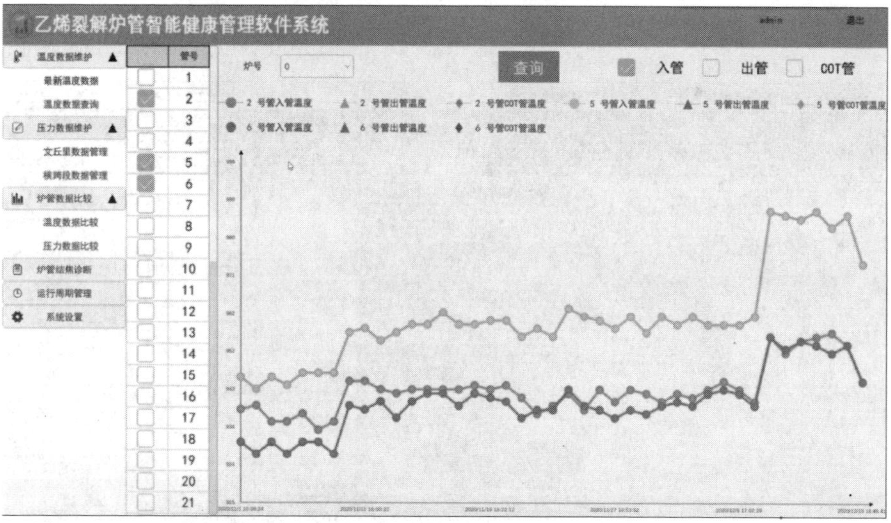

步骤 29：然后点击退出，数据监测已完成，控制人物走出实验室，前往中心机房了解无线组网相关内容。

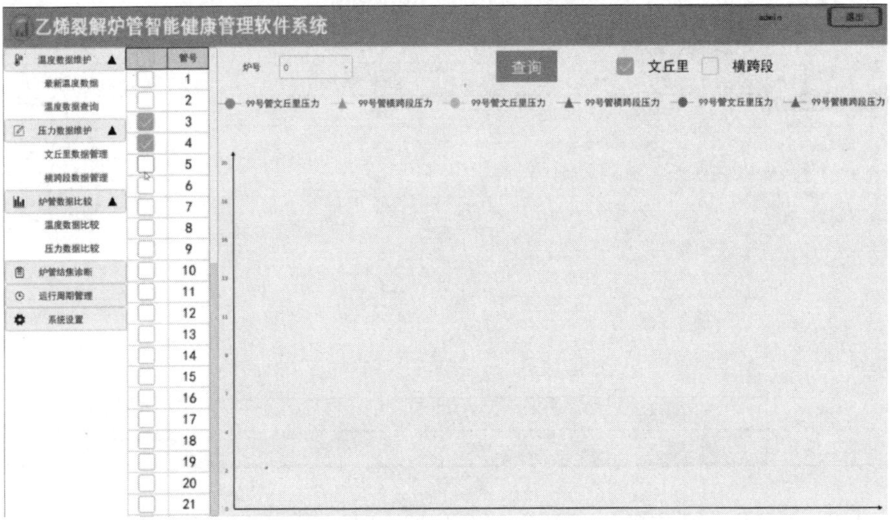

步骤 30：点击选择设备，查看设备介绍。

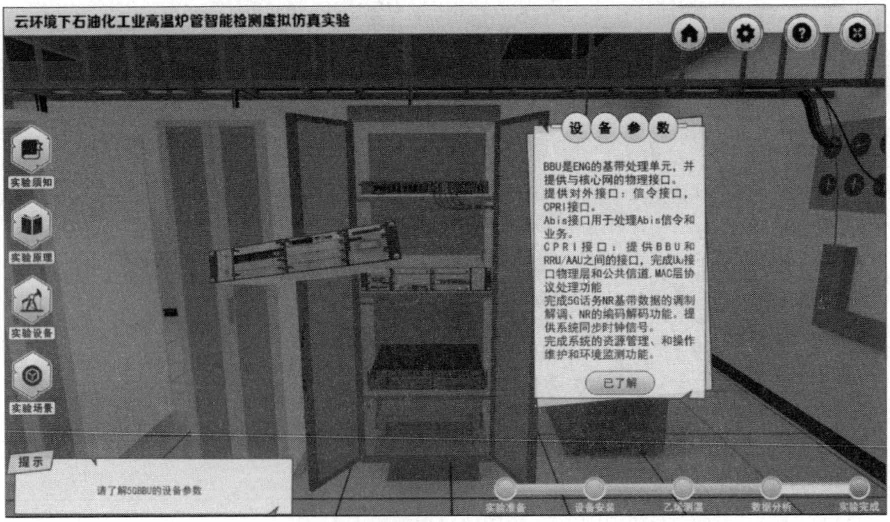

步骤 31：查看完所有设备后，完成实验。

三、运行环境

1. 非操作系统要求

(1) 非操作系统软件要求(支持 2 种及以上主流浏览器)

■谷歌浏览器　□IE 浏览器　□360 浏览器　■火狐浏览器　□其他

(2) 需要特定插件　○是●否

如勾选“是”，请填写：

插件名称：(插件全称)

插件容量：M

下载链接：

(3) 其他计算终端非操作系统软件配置要求(需说明是否可提供相关软件下载服务)

浏览器推荐使用谷歌(Google Chrome)浏览器 55.0 以上版本、火狐(Firefox)浏览器 50.0 以上版本。

2. 服务器软硬件环境配置

(1) 服务器硬件环境配置

服务器配置需求(最低)	服务器配置需求(推荐)
CPU：四核及以上 内存：16GB 及以上 磁盘：100GB 及以上 网络带宽：20MB 及以上	CPU：六核及以上 内存：32GB 及以上 磁盘：100GB 及以上 网络带宽：50MB 及以上

(2) 服务器软件环境配置

服务器软件环境需求(最低)	服务器软件环境需求(推荐)
操作系统：Windows Server 2008 及以上 数据库：MySql 5.5 及以上 应用服务器：Tomcat 7 及以上 端口：XX　XXX	操作系统：Windows Server 2015 及以上 数据库：MySql 5.5 及以上 应用服务器：Tomcat 7(含)以上 端口：XX　XXX

3. 用户主机软硬件环境配置

(1) 用户主机硬件环境配置

计算机硬件配置需求(最低)	计算机硬件配置需求(推荐)
CPU：i5-7400-3.0GHz-4 核 4 线程及以上 内存：8GB 及以上 硬盘：100GB 及以上 显卡：NVIDIA GeForce GTX 960 及以上 显存：2G 及以上 显示器：16∶9 分辨率 1280×720 及以上 网络带宽：10Mbps 及以上 操作系统：Windows 7 及以上	CPU：i5-8500-3.0GHz-6 核 6 线程及以上 内存：16GB 及以上 硬盘：500GB 及以上 显卡：NVIDIA GeForce GTX 1060 及以上 显存：4G 及以上 显示器：16∶9 分辨率 1920×1080 网络带宽：50Mbps 及以上 操作系统：Windows 10

(2) 用户主机软件环境配置

计算机软件配置需求	
以下 Unity WebGL 技术适用	以下 Unity WebPlayer 技术适用
浏览器推荐使用: 谷歌 Chrome 浏览器 55.0 以上版本 火狐 Firefox 浏览器 50.0 以上版本	插件名称Unity WebPlayer_full 5.3.8 插件容量7MB 1. 浏览器 IE 自带 IE8.0 及以上(推荐使用 360 浏览器极速模式) 2. Unity WebPlayer 5.3.8 插件，提供下载

四、常见问题处理

1. 实验准备前错误

(1) 项目链接无法打开

原因 A：链接输入是否正确。

原因 B：网络是否正常。

(2) 管理系统无法登录

原因 A：确定账号是否正确。

原因 B：系统中是否有该账号。

(3) 实验场景未发现(无界面)

原因 A：确定教师是否上传了实验。

(4) 实验场景有界面无加载进度(打不开)

原因 A：是否需要安装插件，以及插件是否正确版本，Unity 的 Webplayer 插件推荐使用 5.3.8 版本。

原因 B：该版本浏览器不支持本实验资源软件，请更换浏览器。

(5) 实验场景加载进度无法完成

原因 A：网络连接是否正常，网速是否达到要求，是否需要连接外网。

2. 实验提交与查询数据错误

(1) 无法提交

原因 A：请联系技术支持。

(2) 无法编辑或提交实验报告

原因 A：需确定是否添加了实验报告模板。

(3) 无法查询评分或实验报告

原因 A：需确定教师是否进行了批改。

(4) 查询结果不正确

原因 A：请联系技术支持。

附录2 乙烯裂解炉炉管智能健康管理软件系统

一、登录与注销

1. 登录

打开网址，在登录界面选择对应的权限，然后输入对应权限的账号密码进行登录，如图 1 所示。

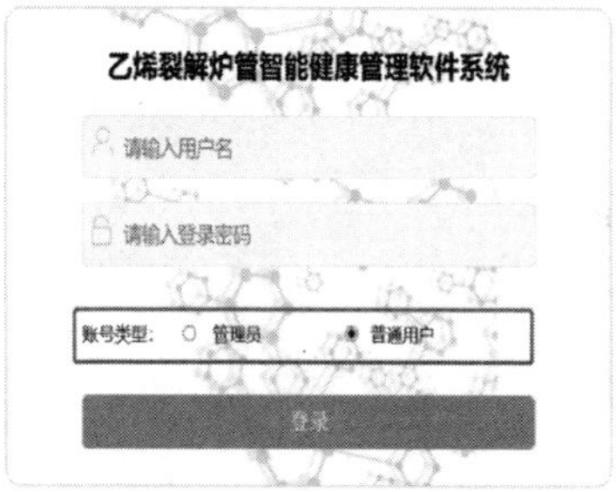

图 1　登录界面

登录后进入系统首页，如图 2 所示。

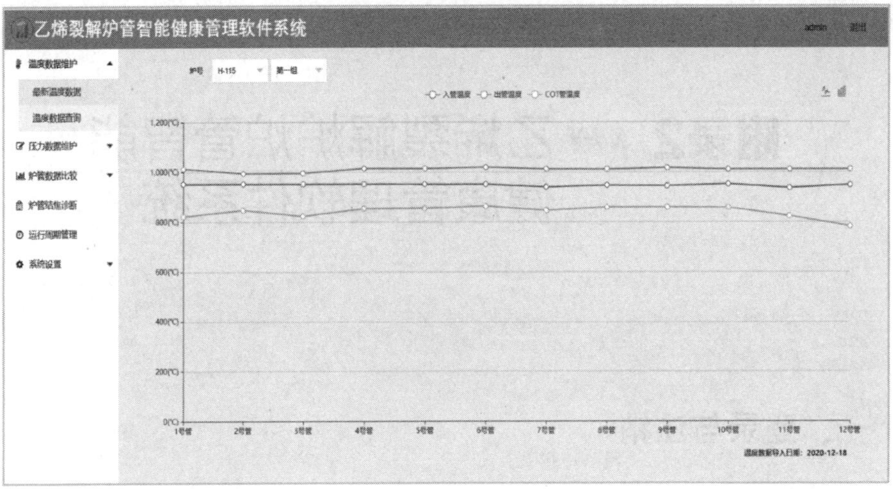

图 2　系统首页界面

2. 注销

点击右上角“退出”即可退出用户，返回登录界面，如图 3 和图 4 所示。

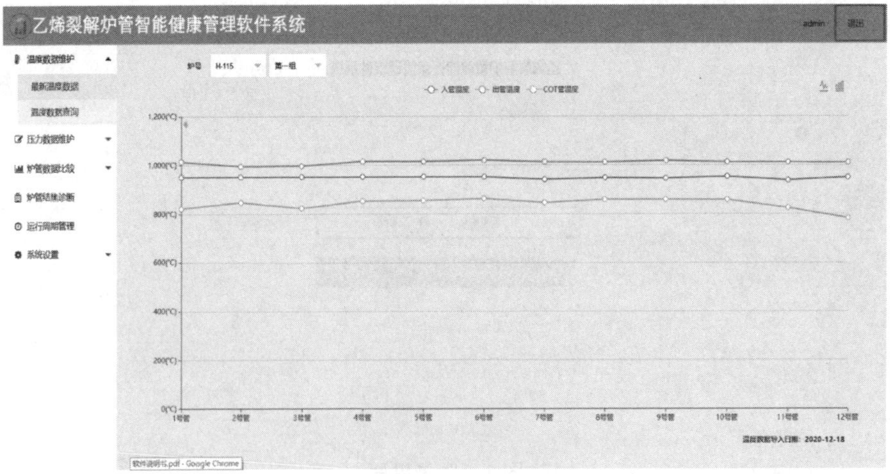

图 3　退出系统

图4　退出系统

二、主要功能

系统共有6个模块，分别为温度数据维护、压力数据维护、炉管数据比较、炉管结焦诊断、运行周期管理、系统设置。

现以系统管理员为例演示使用步骤：

1. 温度数据维护

温度数据维护包括最新温度数据和温度数据查询两大功能。

（1）最新温度数据

最新温度数据可以查看最新已经导入的数据内容。

此页面显示的是最新一次导入的温度数据的线性图，并且能够通过上方的下拉框，选择查看指定炉管的温度数据，还可以选择性地查看入管温度、出管温度、COT，如图5所示。

可通过右上角的两个图形按钮进行切换，如图6所示。

（2）温度数据查询

温度数据查询包括历史数据查询和历史数据导出两个功能。

① 历史数据查询：该功能可以查询裂解炉管智能结焦诊断系统储存的历史

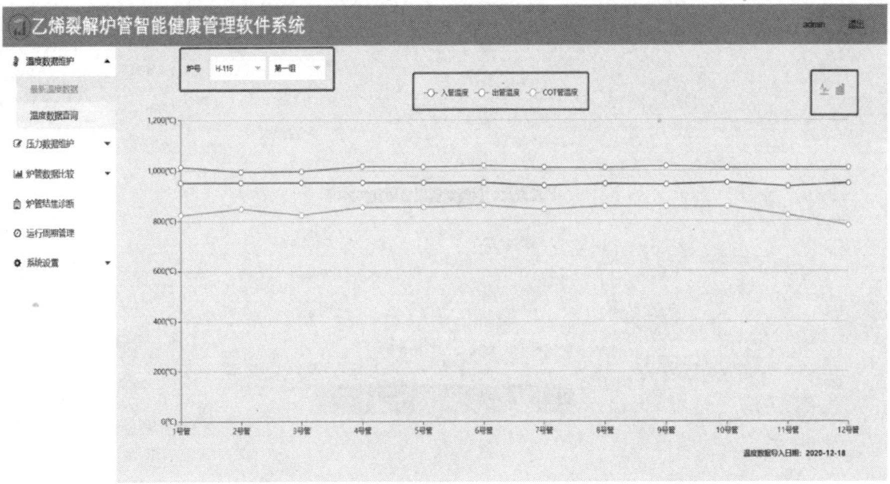

图 5　线性图

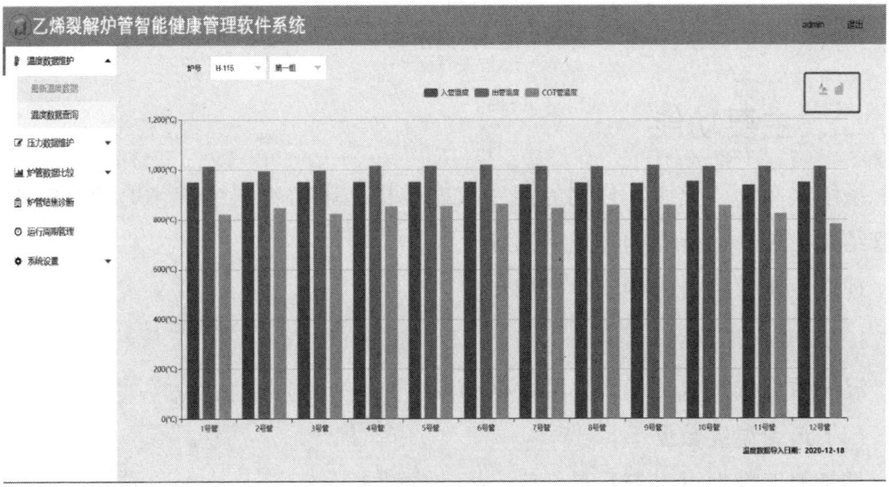

图 6　柱状图

记录。选择炉管与时间段，点击右上角的查询按钮，查询指定时间段的温度数据，如图 7 所示。

② 历史数据导出：该功能可以导出所查询的历史数据，并通过 Excel 表的方式保存。选择右上角的导出数据按钮，即可导出当前查询的温度数据的页面，下载的文件可在浏览器下载列表中找到，如图 8 所示。

图 7 历史数据查询

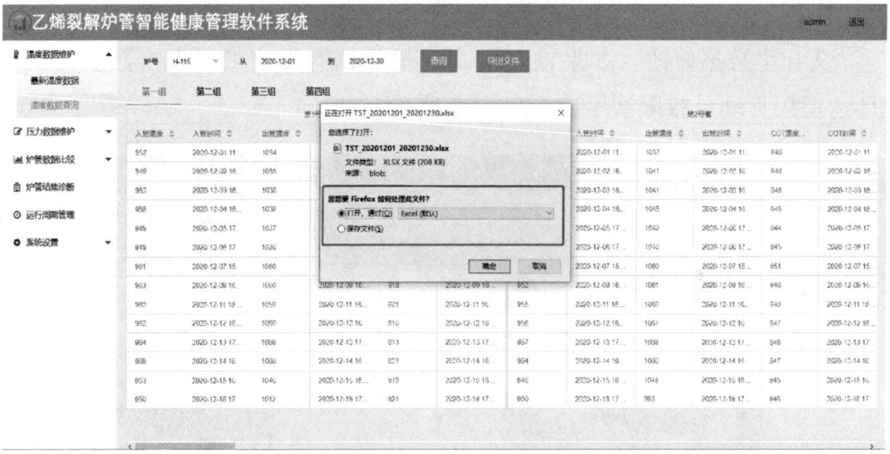

图 8 历史数据导出

2. 压力数据维护

压力数据维护包括文丘里数据管理和横跨段数据查询。

(1) 文丘里数据管理

文丘里数据管理可用于文丘里数据的输入、保存、修改、查询及排序，保存的数据可用于炉管数据比较中的压力数据比较和炉管结焦诊断两个功能。

① 添加文丘里数据：输入数据保存的时间，选择炉管并输入文丘里数据，然后点击右上角的添加按钮，则数据会保存到软件中并且在该页面显示出来，如

图 9 所示。

图 9　文丘里数据添加

② 文丘里数据修改：如果输入的文丘里数据有误，可以点击数据后的修改按钮(这里用管理员权限演示)，如图 10 所示。

图 10　文丘里数据修改

③ 文丘里数据排序：如果想要从大到小或从小到大查看数据就可以使用这个排序功能，如图 11 所示。

图 11　文丘里数据排序

④ 文丘里数据查询：如果想要查询某个炉某个时间段的文丘里数据的话，可以使用查询功能，如图 12 所示(如果查询后想要看原来的数据可点击查询旁边的刷新按钮进行数据的刷新)。

图 12　文丘里数据查询

（2）横跨段数据查询

① 横跨段数据查询可以查询某个时期某个炉管的横跨段温度，按钮在左上角，如图 13 和图 14 所示(如果查询后想要看原来的数据可点击查询旁边的刷新

按钮进行数据的刷新）。

图 13　横跨段查询页面

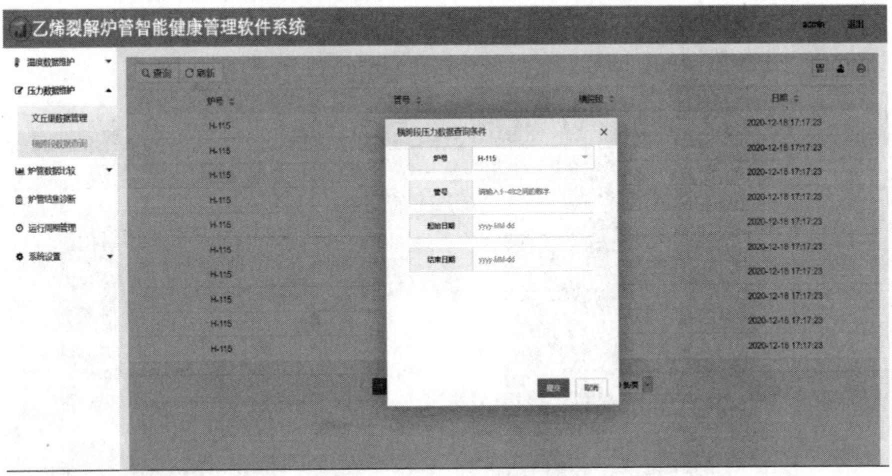

图 14　横跨段查询弹框

② 横跨段温度可以进行排序，如图 15 所示。

3. 炉管温度比较

炉管温度比较包括温度数据比较和压力数据比较两个功能。

（1）温度数据比较

① 炉管列表在图标的左边，可以进行不同历史日期的不同炉管温度的比较，

如图 16 所示。

图 15　横跨段查询排序

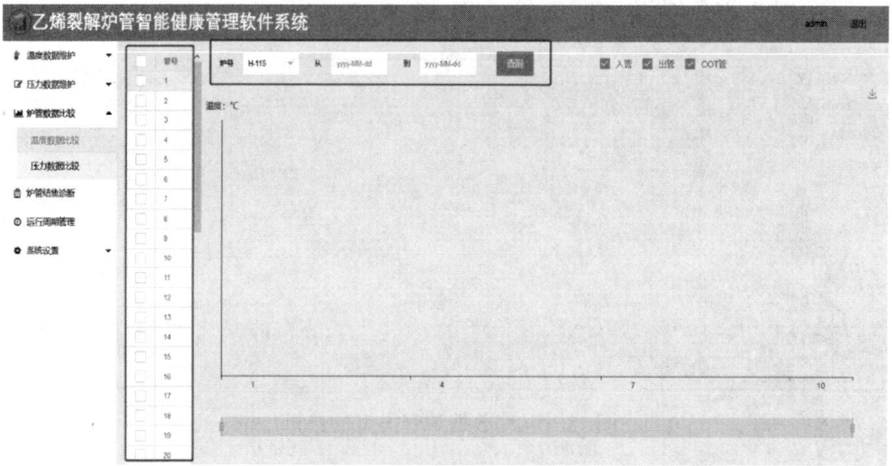

图 16　温度数据比较选择

② 温度数据比较选择：通过选择右上角的炉管类型选择开关来显示想要显示的管号类型曲线，还有图标上面的曲线的选择开关可选取需要显示的炉管的指定曲线，如图 17 和图 18 所示。

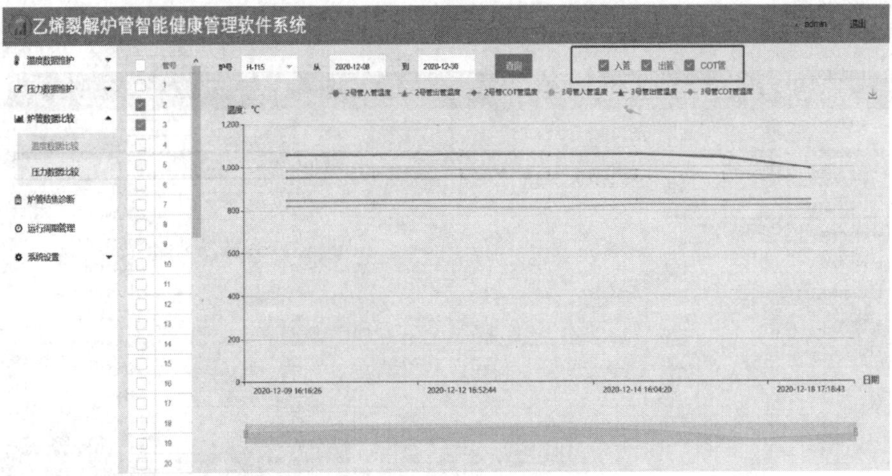

图 17　温度数据曲线的选择

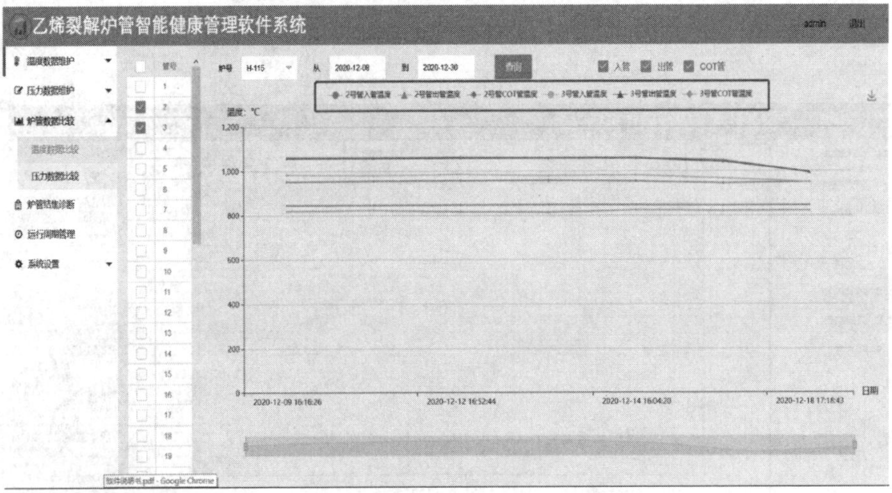

图 18　温度数据炉管类型的选择

③ 温度数据比较导出：温度数据比较的图片可以通过右上角的下载按钮，下载并保存在浏览器的下载列表里，如图 19 所示。

(2) 压力数据比较

① 压力数据比较：炉管列表在图标的左边，可以进行不同历史日期的不同炉管压力的比较，如图 20 所示。

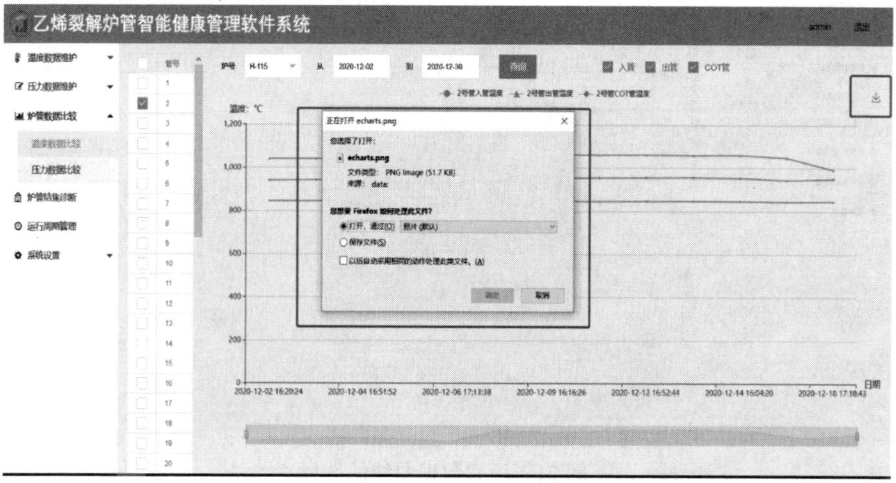

图 19　温度数据比较图片导出

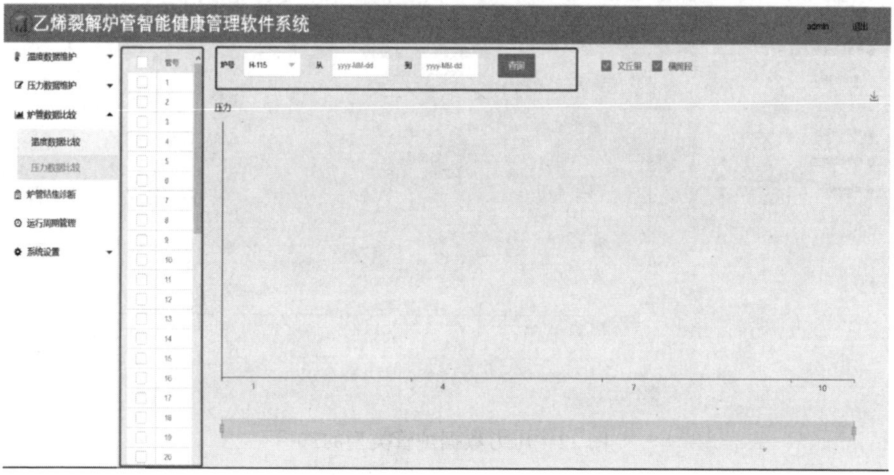

图 20　压力数据比较选择

② 压力数据比较选择：通过选择右上角的炉管类型选择开关还有图标上面的曲线的选择开关可选取需要显示的炉管的指定曲线，如图 21 和图 22 所示。

③ 压力数据比较导出：压力数据比较的图片可以通过右上角的下载按钮，下载并保存在浏览器的下载列表里，如图 23 所示。

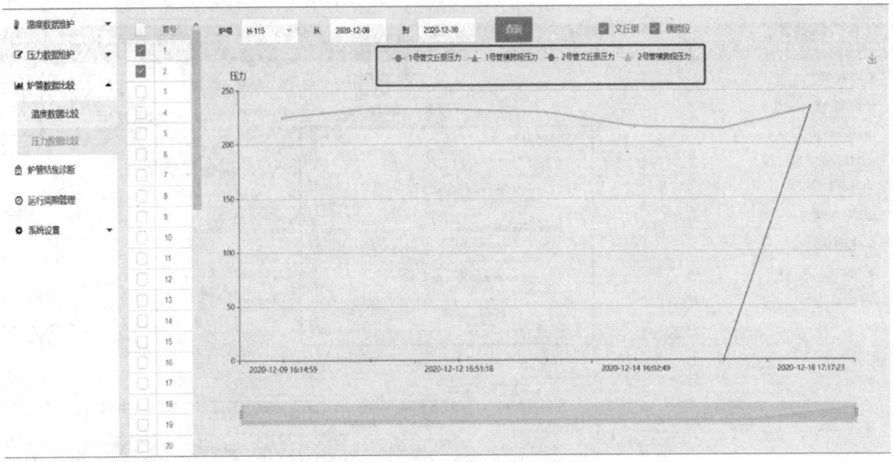

图 21　压力数据曲线的选择

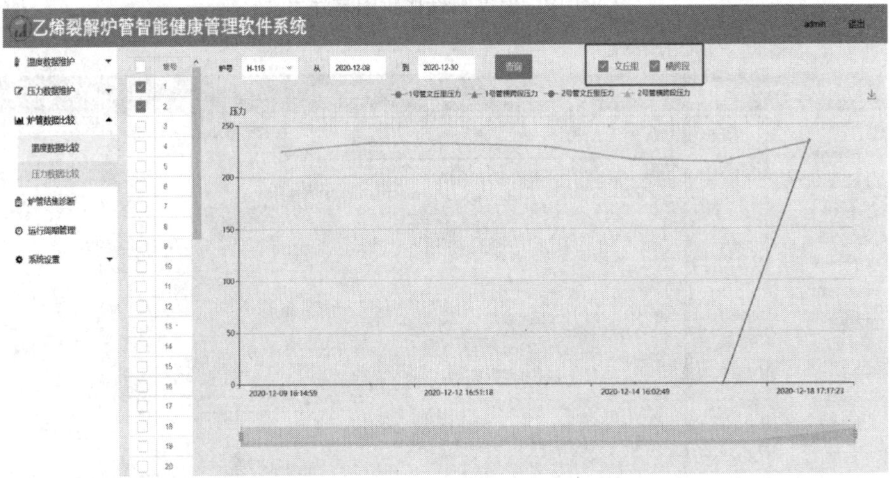

图 22　压力数据炉管类型的选择

4. 炉管结焦诊断

炉管结焦诊断包含分析功能。

开始分析：选择时间段和指定的炉号后，点击开始分析即可。如果需要具体查看某根管的结焦趋势，只要鼠标悬浮在所要查看的柱形图上即可；如果点击某根柱形图可以锁定该柱形图所代表的炉管结焦趋势图，点击右上角的回到原图即可返回原柱形图，如图 24 所示。

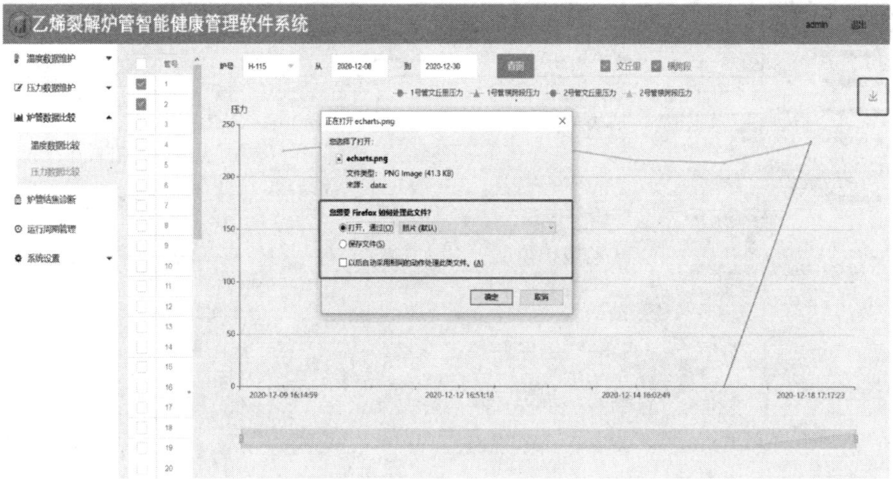

图 23 压力数据比较图片导出

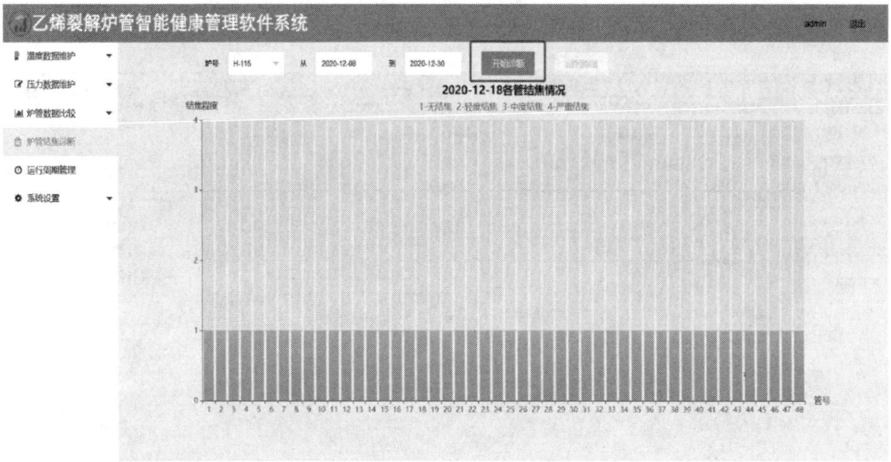

图 24 炉管结焦趋势分析

5. 运行周期管理

运行周期管理包括炉管运行周期的添加、修改、删除、查询、排序。

① 运行周期的添加：运行周期的添加可以把炉号的投运时间，停炉时间记录下来，添加的时间的表单和添加按钮在表格的上方，如图 25 所示。

图 25　炉管运行周期的添加

② 运行周期的修改：如果所输入的炉管运行周期数据有误，可以点击相应数据后面的编辑按钮，修改所输入的数据，如图 26 和图 27 所示。

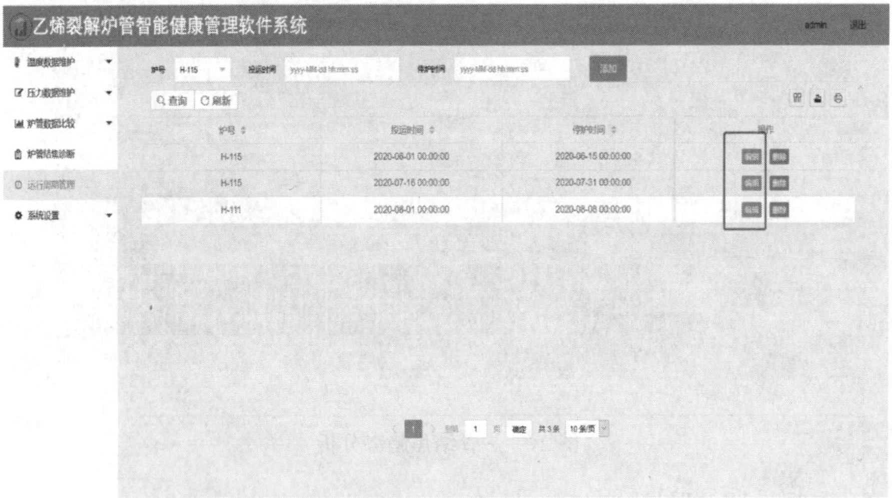

图 26　炉管运行周期的修改按钮

③ 运行周期的删除：如果某条运行周期不需要的话可以进行删除操作，删除按钮在数据的后面，如图 28 所示。

图 27　炉管运行周期的修改页面

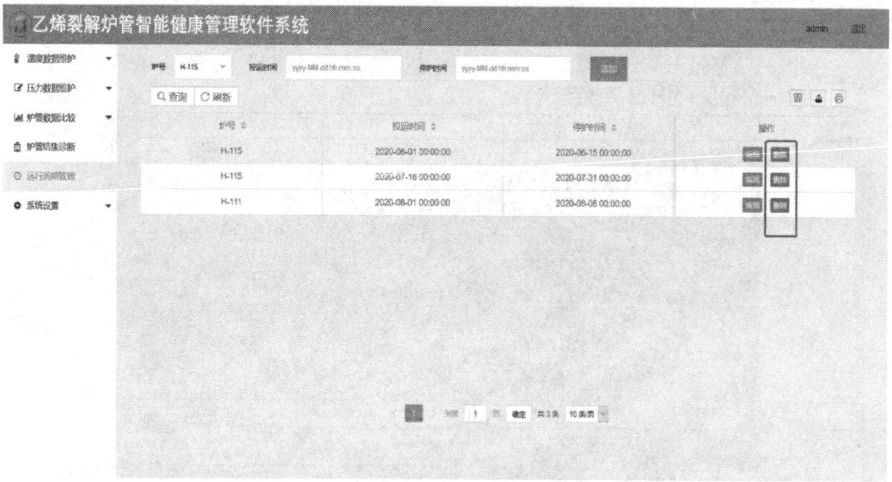

图 28　炉管运行周期的删除

④ 运行周期的查询：如果想要查询某个历史时间段的数据的话，可以点击左上角的查询按钮，输入想要查询的炉号日期等数据进行查找，如图 29 和图 30所示（如果查询后想要看原来的数据，可点击查询旁边的刷新按钮进行数据的刷新）。

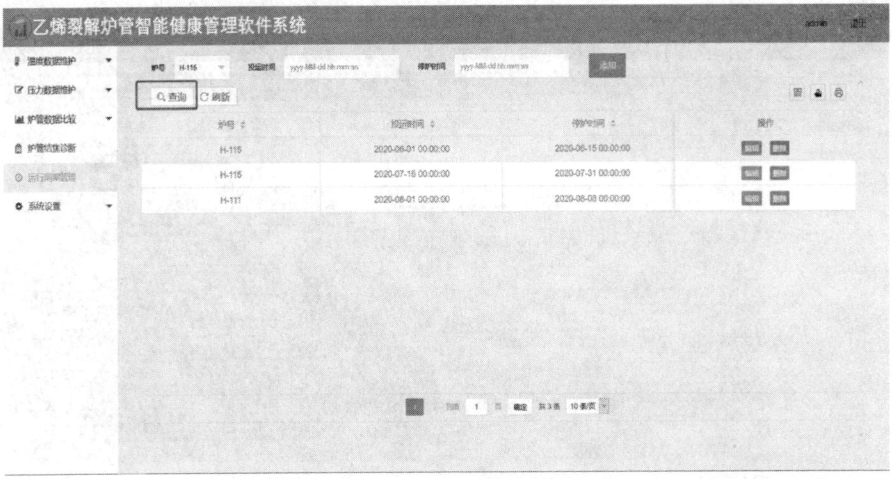

图 29　炉管运行周期的查询按钮

图 30　炉管运行周期的查询界面

⑤ 运行周期管理的排序：可以点击表格头部具有上下箭头的标题进行升序或者降序的排序，如图 31 所示。

6. 系统设置

系统设置包括用户信息管理和炉管警戒温度设置。

(1) 用户信息管理

用户信息管理包括用户的添加、用户信息的修改、用户的删除功能。

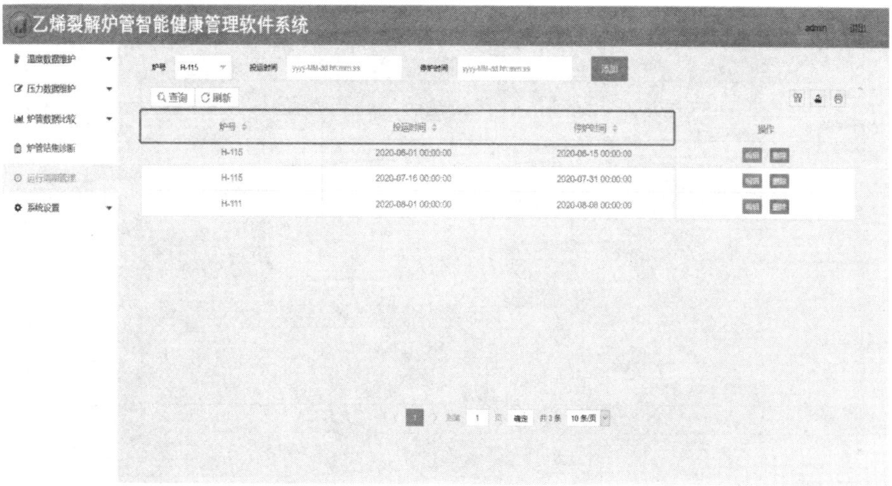

图 31 炉管运行周期的排序

① 用户的添加：点击左上添加用户按钮弹出添加用户的界面，填写完信息后添加即可，如图 32 和图 33 所示。

图 32 用户的添加

② 用户信息的修改：点击想要修改的那一条数据后面的编辑按钮，弹出编辑页面后填写相应的信息后提交即可，如图 34 和图 35 所示。

图 33　用户的添加页面

图 34　用户的修改按钮

③ 用户的删除：点击想要删除的用户信息后面的删除按钮弹出选择框后按确定即可删除用户的信息，如图 36 所示。

（2）炉管警戒温度设置

设置对应的警戒温度警戒线提供预警功能，如图 37 所示。

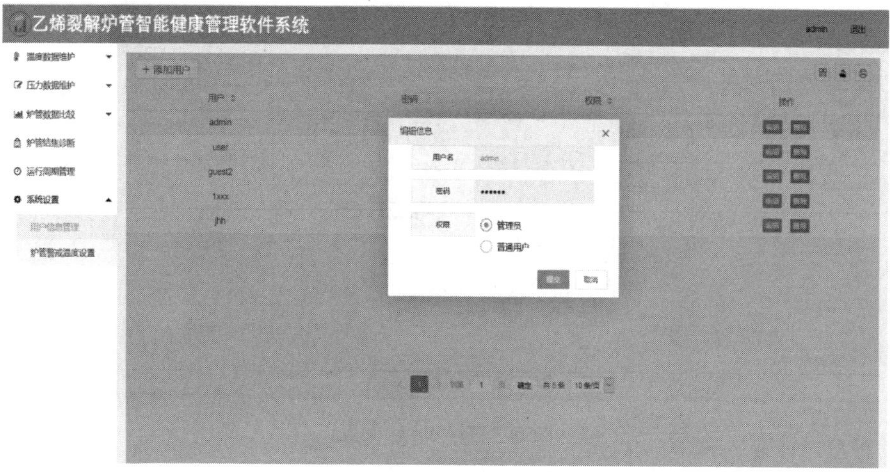

图 35 用户的修改界面

图 36 用户的删除

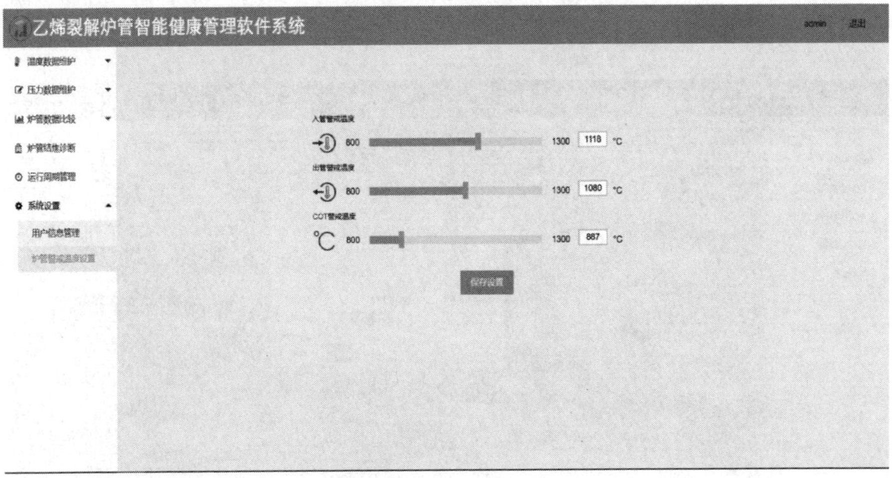
乙烯裂解炉管智能健康管理软件系统
admin
退出
压力数据维护
炉管数据比较
炉管结焦诊断
运行周期管理
系统设置
用户信息管理
800
1300
1118
°C
800
1300
1080
°C
800
1300
887
°C

图 37　参数信息设置